U0186508

SOUVENIRS
ENTOMOLOGIQUES

昆虫记

· 典藏版 ·

· V ·

［法］法布尔　著

张广学　学术顾问

邹琰　译

SPM
南方传媒　花城出版社

中国 · 广州

图书在版编目（ＣＩＰ）数据

昆虫记：典藏版. Ⅴ／（法）法布尔著；邹琰译
. -- 4版. -- 广州：花城出版社，2022.6
ISBN 978-7-5360-9276-1

Ⅰ. ①昆… Ⅱ. ①法… ②邹… Ⅲ. ①昆虫学－普及
读物 Ⅳ. ①Q96-49

中国版本图书馆CIP数据核字(2022)第045612号

出 版 人：张　懿
特约策划：邹崝华　秦　颖
责任编辑：黎　萍　夏显夫
技术编辑：凌春梅
封面插画：空　澈
封面设计：介　桑

书　　名　昆虫记：典藏版
　　　　　KUNCHONGJI：DIANCANGBAN
出版发行　花城出版社
　　　　　（广州市环市东路水荫路 11 号）
经　　销　全国新华书店
印　　刷　佛山市浩文彩色印刷有限公司
　　　　　（广东省佛山市南海区狮山科技工业园 A 区）
开　　本　880 毫米×1230 毫米　32 开
印　　张　8.375　4 插页
字　　数　197,000 字
版　　次　2022 年 6 月第 1 版　2022 年 6 月第 1 次印刷
定　　价　388.00 元（全十卷）

如发现印装质量问题，请直接与印刷厂联系调换。
购书热线：020 - 37604658　37602954
花城出版社网站：http://www.fcph.com.cn

法布尔是掌握田野无数小虫子秘密的语言大师。

——［法］罗曼·罗兰

目 录
Contents

前　言

　　筑巢做窝，保家卫室，这是动物本能最大的体现。这一点，高明的建筑师鸟儿已经告诉了我们，更加多才多艺的昆虫也向我们重复说明。它说："母性最能激发本能。"母性主要被指派来绵延种族，这一任务比保存个体更重要。它从沉睡的智慧里唤起英知远见；它是无比神圣的家园，难以想象的心灵之光隐藏在那里，突然间光芒四射，给我们留下理性的影子。母性体现得越明显，激发出来的本能越强。

　　在母性与本能的关系方面，最值得注意的是膜翅目昆虫，它们身上凝聚着深厚的母爱，所有最优秀的本能才干都是为后代的饮食栖息准备的。尽管它们的复眼绝不会看到自己的子孙后代，但是凭着母性，它们能清楚地预见未来；为了自己的子女，它们成为许多技艺的行家。它们有的成为棉织品的手工厂主，把棉絮压制成棉布袋；有的做了篾匠，用碎叶编织篓筐；这一个当上泥瓦匠，建造水泥房屋，搭起砾石屋顶；那一位办起陶瓷作坊，把黏土塑成漂亮的双耳尖底瓮、坛罐和大肚钵；另一位则醉心于挖掘艺术，在潮湿温热的泥土中开凿神秘的地下隧道。许多和我们的技能类似，甚至常常连我们都不知道的技巧，都被它们用来整饬居室。随后它们就要操心未来的小宝宝的食物：蜜团、花粉糕以及巧妙地干化的野味罐头。在这类以家庭未来为唯一目的的工程之中，闪烁着由母性所激发的本能的最高体现。

至于其他种类的昆虫，母爱通常都很淡薄。在大多数情况下，它们把卵产在适合的地点，让幼虫能够冒着风险找到住所和食物，它们所做的差不多仅此而已。养育方式既然如此粗野，才干也就毫无用处。里库格①把艺术从他的共和国中赶出去，指责艺术使人萎靡。那些按斯巴达②方式养大的昆虫，其高级的本能灵性也就这样被消除。母亲从温柔地照顾摇篮中的婴儿这样的天赋中解脱出来；而智力中的特长，所有美德中最美好的品质，也就随之减弱，消失了；因为，无论对动物，还是对我们人类而言，家庭的的确确都是追求完美的根源。

如果说膜翅目昆虫对后代的关怀备至，让我们赞叹不已，那么，相比起来，那些将后代置于好坏莫测的境地之中的昆虫，就让我们兴趣平平了。所有的昆虫几乎都属于后一种；不过，据我所知，在法国的动物中，至少还有一类昆虫为它们的家庭准备食宿，就像那些采集花蜜、收藏野味的昆虫那样。

说来奇怪，能与采集花蜜的蜂类温柔细腻的母爱相媲美的，竟只有食粪虫这个垃圾堆中的探险家、被牧群污染的草坪上的净化者。若想再找到一位富有本能、称职的母亲，就得从花坛中散发着香气的花朵，转到牲畜落在大路上的粪堆上。大自然中充满了类似的反差。我们的美与丑、干净与肮脏，对大自然而言，算得了什么呢？它用垃圾造就鲜花，从少许的粪便中提炼出令人赞不绝口的优质麦粒。

尽管食粪虫干的是肮脏的活，但它们却跻身于荣耀之列。一般说来，它们的身体条件很有利；穿着虽然朴素但抹得亮亮的，

---

① 里库格：公元前9世纪斯巴达国家的立法者，制定了以严厉著称的斯巴达制度。——译注
② 斯巴达：古希腊的奴隶制城邦，实行贵族寡头统治，推行严格的军事教育。——译注

无懈可击；身体胖乎乎的，蜷成又短又粗的姿势；前额或胸部的装饰也很奇特。在标本收藏家的盒子里，它们分外引人注目，尤其是在法国境内最常见的乌黑发亮的甲壳虫当中，加进几个热带品种的时候，金色的光芒和光滑的紫铜般的光彩就会在盒了中熠熠闪光。

　　食粪虫是畜群形影不离的客人，它们很多都能散发出一种苯甲酸的微香，这是羊圈的香料。它们这种田园诗般的习性，震惊了昆虫分类学家。是啊，他们一向都不太注意语音的和谐，这一回，他们改变看法，在该类昆虫的简介文字的开头，写下以下名称：梅丽贝、蒂迪尔、雅明达思、科里冬、阿丽克西斯、莫波絮丝①。这一系列的田园诗般的名称，都是被古代的诗人们叫响的，维吉尔②的牧歌中提供了很多赞美食粪虫的词语。如果还想看到这么诗意的专业术语，就必须到有关蝴蝶的优雅词语中去追寻；那时响起的会是借自《伊利亚特》③里，希腊和特洛伊阵营中史诗般的名称。可是对长着翅膀、爱好花朵的昆虫来说，这些名称也许火药味太重了，它们的性情根本不能让人联想起阿喀琉斯和阿加克西④的长

圣甲虫

---

① 此处指昆虫学家们用文学、历史人物来指代昆虫的名称。　梅丽贝是希腊神话中尼尔珀的一个女儿，维吉尔的《农事诗》中的主角，是理想牧人的典型。　蒂迪尔是神话中出现在酒神随从里的田野精灵，维吉尔的牧歌中的一位牧人。　雅明达思为马其顿王国八位国王的名称。　科里冬为古代诗歌中的牧人。　阿丽克西斯是拜占庭五位国王的名称。　莫波絮丝是希腊神话中的一位神。——译注

② 维吉尔（前70—前19）：古罗马拉丁语诗人，著有《牧歌》《农事诗》。——译注

③ 《伊利亚特》：讲述特洛伊战争的史诗，相传为古希腊诗人荷马所著。——译注

④ 阿喀琉斯：《伊利亚特》中的重要人物，力大无比，浑身除脚踵外刀枪不入。　阿加克西：特洛伊战争中骁勇善战仅次于阿喀琉斯的人物。——译注

矛。而借用在食粪虫身上的那些牧歌中的名称就好多了，这些名称告诉了我们昆虫的主要性格，即频繁出没于牧场。

这些牛粪魔术师的排头兵就是圣甲虫。公元前几千年，圣甲虫奇特的行为就引起了尼罗河谷农民的注意。当春天来临，古埃及农民浇灌他的四方形洋葱地的时候，他会时不时地看到一只胖乎乎的黑色昆虫从旁边经过，又急匆匆地推动一团骆驼粪，倒退着回去。农民看着这转动的机器，惊得目瞪口呆，那模样就像今天普罗旺斯的农民看见它一样。

第一次面对金龟子，没有人会不惊讶。它，头在下，长长的后足在上面，竭尽全力推动着体积庞大的粪球，经常笨拙地翻跟头。看见这情景，天真的埃及农夫肯定会想，这粪球是什么？这黑色的昆虫干吗要拼命地推着它滚动？今天的农民也会问同样的问题。

在拉姆西斯和图特摩斯①的古老时代，迷信充斥世间，人们在这个滚动的粪球上看到了世界的形象和昼夜循环，金龟子也因此得到了神奇的荣耀，为了纪念它从前的光荣，它便成了当代博物学家的圣甲虫。

六七千年来，这奇怪的球状昆虫成了谈论的对象；然而它的深层习性，人们清楚吗？人们确切地知道它用粪球做什么吗？人们知道它怎样养育它的家庭吗？一无所知，即使是最权威的著作，也只是无休止地谈论它那明显的缺陷。

古埃及人说圣甲虫推着粪球从东滚到西，意味着世界在死去。圣甲虫把粪球埋在地下28天，正是一个月球循环周期。在四

---

① 拉姆西斯：古埃及十一位法老的名称。前两位属第十九王朝，后九位属第二十王朝。　图特摩斯：古埃及第十七王朝的四位国王的名称。——译注

个星期的潜伏期里，这球状的昆虫获得了生命。第29天，这昆虫度过的第29个月与日的交会，也就是世界诞生的第29天，圣甲虫回到埋粪球的地方，把粪球掘出来，打开，扔到尼罗河中。循环结束了，圣河水的浸泡，让另一只圣甲虫从粪球中爬了出来。

不要嘲笑法老时代的传说，尽管其中混杂着星相学，但还是存在着少许的真理。而且，该被嘲笑的应该是我们的科学，因为那基本的错误，把圣甲虫在田野里推着滚动的粪球看作它的摇篮，在我们的书中仍然存在。有关金龟子著作的作者都在重复，从建造金字塔那么遥远的年代以来，传说都丝毫未变。

不时地举起斧头，砍向如浓密的树丛般根深蒂固的传统是件好事，有利于动摇种种成见形成的桎梏，那么，比现今已知的要高明得多的真理，才有可能从无数的糟粕中解析出来，绽放出灿烂的光芒。怀疑的胆量不时降临到我身上，尤其是在关于圣甲虫的事情上，我特别敢于怀疑。今天，我已对那被神圣化的粪球故事一清二楚，读者将会看到古埃及的传说被完美地超越了。

我最初几章对本能的研究，已经非常确切地表明，被圣甲虫推在地上四处滚动的圆球里，绝没有包含什么胚胎，也真的不可能包含。那不是卵的住所，那是圣甲虫的食物，它急急忙忙拖着它们远离纠纷，好把它们埋藏起来，在地下餐厅中全神贯注地美餐。

自从我在阿维尼翁附近的安格尔高原，狂热地收集与流行观点相左的证据以来，将近40年过去了，没有任何证据宣布我的说法不对；恰恰相反，一切都证实了我的说法。无可辩驳的证据，终因找到圣甲虫的巢穴而到来。这次是真正的巢穴，我找到了如我期望那么多的巢穴；而且有的洞穴，是我亲眼看着建造起来的。

我曾经说过，为了寻找幼虫的隐蔽所，我进行过徒劳的尝试，在大笼子里的饲养可悲地失败了①。也许读者会同情我的悲惨处境，看着我在城市周围怯怯地，用纸袋偷偷地收集过路骡、马留给我的小家伙的礼物。确实，在我以前所处的条件下，这样做并不容易。我的那些食客，大消耗家们，或者说得确切些，是大挥霍家们，它们忘记了笼子的不便，在欢乐的阳光下，投身于为艺术而艺术的活动当中。粪球接连不断地增多，然后在几次滚动练习之后，又被弃置不用。那一大堆我在夜色降临的神秘氛围之中搜集到的可怜的粪便食物，以令人沮丧的速度被挥霍掉，它们每日的食物以不够而告终。我还从此知道骡、马所恩赐的粗纤维食物，不大适合作为幼儿的口粮，幼虫需要的是更均匀、更有弹性的食物，而这只有绵羊那松懈些的肠子能够提供。

总之，最初的研究使我熟知了金龟子的种群习性，但是由于多方面的原因，我对它们的个体习性却一无所知。筑巢的问题仍是前所未有的深奥，要解决它，城市中有限的资源和实验室里精巧的设备，是远远不能满足的。必须住到乡间去，必须有阳光下成群的牲畜，有了这些条件，再加上耐心和诚心，我就必然会成功。我终于如愿以偿地在乡间的独居生活中，找到了这些条件。

以前，食物问题最让我操心，现在却极其丰富。在我屋子旁边的大路上，骡子来来往往，去田间干活然后回来；早晚有羊群经过，去牧场，回羊圈；邻居的山羊被一根绳子牵着，圈在修剪过的草坪上，在我家门口几步远的地方咩咩地叫。如果邻近小范

---

① 见卷一第一章。——校注

围的地方缺粮了，小孩子们会在一盒糖果的引诱下，轮流去收集佳肴，提供给我的小昆虫们。这些小家伙，十之八九会带着他们收集的东西，放在最出人意料的容器里回来。

在新的献祭者行列中，任何落在手里的凹形物都能派上用场：旧帽底、瓦片、烟囱碎片、陀螺底、破箩筐、作为纪念品的坚硬的船形鞋子，必要时甚至用上自己的鸭舌帽。这次的东西太棒了！孩子们那闪耀着喜悦光芒的眼睛，仿佛在对我说：这是精挑细选的一流货！于是，他们拿来的商品根据其价值得到了称赞，并当场按照约定结了账。在结束交易的时候，我领着小供应者们来到笼子前，给他们展示滚动粪球的金龟子。他们欣赏着这似乎在玩弄粪球的可笑家伙，嘲笑它摔了跟头，看到它仰面朝天，笨拙的六足使劲乱舞时，他们哈哈大笑。这真是可爱的场面，尤其是糖果鼓在腮帮里，内心甜滋滋的时候。我的小合作者们的热忱就这样保持下来，用不着担心我的食客们会挨饿了，它们的食品储藏室会得到充足的供应。

这些食客是谁呢？首先是圣甲虫，我现在研究的主要对象。塞里昂绵延的山峦帷幕很可能是它往北走的极限；地中海植物到那里就没有了，欧石楠和野草莓，是地中海植物最北端的木本植物代表；那

2¼

盎球角粪金龟

里也许也有大个子的球状昆虫，太阳狂热的朋友，是它结束了金龟子在北半球的延伸。在那里，这具有强烈反光能力的昆虫，大量聚集在朝南温暖的山坡上，栖息在狭窄的平原地带。根据所有迹象看来，优雅的盎球角粪金龟和强壮的西班牙粪蜣螂，同样到那里便停住了脚步，它们和圣甲虫一样怕冷。这些深层习性鲜为

人知的奇特的食粪虫，还有侧裸蜣螂、蒂菲粪金龟、粪金龟和嗡蜣螂。所有这些，我都引以为我的笼子的光荣，因为我事先就确信，它们地下工艺的详细情况会让我吃惊。

笼子的体积，大约一立方米，除了正面是金属网，其余几面都是木头做的，可以避免大量的雨水漏进去，把搁置在露天的笼子里的泥土变成烂泥。过于潮湿对这些隐士是致命的，将使它们不能自由地在狭小的人造城堡中，无限地往下挖掘，找到适合它们工作的环境。它们需要渗透性的土地，有些阴凉，但绝不能变成泥泞。因此，笼子下的泥土混有沙子，用筛子筛过，稍微有点湿，夯得适中，免得将来的地下通道会坍塌。土的厚度只有三分米，在某些情况下是不够的；不过如果有些种类喜欢很深的地道，譬如粪金龟，那么它们就会知道用横向宽度来补偿在垂直高度上受到的阻碍。

笼子的金属网正门朝南，可以让阳光充分照射到笼子里的居民；反面朝北，是两个叠放的门板，门板是活动的，用钉子或插销固定。笼子上部大大敞开，是日常用的服务门，用来发放食物，打扫笼子，放进新捕捉到的饲养对象。笼子下面的门板，是用来固定土层的，只在一些重大的场合才打开，譬如要当场观看昆虫在居所中的奥秘，或者观察地下工程的情况时。那时，拔掉插销，卸下上了铰链的木板，土地便毫无遮拦地露出垂直层，这是绝好的条件，我可以小心翼翼地用刀尖探测食粪虫的洞穴所在的厚土地，准确而毫无困难地了解它们工作的细节，而这些在野外辛勤挖掘时并不一定能观察到。

不过，野外的研究仍然不可或缺，它的重要性几倍于人工饲养的新发现；因为有些食粪虫，并不在意被抓住，而像平常一样起劲地在笼子里干活；但是，其他比较胆小的，也许生来就谨慎得多，对我的木板官殿存有戒心，有时，它们也会被我坚持不懈的关心所引诱，但只是极其慎重地向我交出它们的秘密。而且，要管理好我的昆虫园，还得知道外面发生的事，哪怕是仅仅为了知道何时对我的研究最为有利。在很大程度上，通过饲养进行的研究，不可避免地必须结合实地的观察。

我有个对我很有帮助的助手，他有空余时间，观察力敏锐，而且天真的好奇心和我不相上下，我还从没有找到过这样的助手。他是个牧羊小伙子，是我们全家的朋友。他接触过书本，有求知欲，当我给他指出他前一天找到放在盒子里的昆虫时，那些金龟子、粪金龟、粪蜣螂以及嗡蜣螂之类的术语，不会让他过于惊讶。

整个盛夏，一大清早，当牧场上那些滚动粪球的昆虫筑巢搭窝的时候，晚上，当牧场上热气开始减退直到入夜以前，他都在小昆虫中闲逛。周围的食粪虫们都被畜群撒下的食物香气引来了。他根据我对昆虫学提出的种种问题，以及我对他进行的适当训练，留心观察每一件事，并提醒我注意。他观察时机，检查草坪。昆虫们挖洞形成的小土堆，暴露了它们的地下室，他就用刀尖把地下室挖出来；刮去土层，挖掘，寻找；对他那朦胧的田园幻想来说，这是绝妙的消遣。

啊！在黎明的清新空气中，寻找金龟子和蜣螂巢穴之时，我们共度的时光是多么美好！法罗蹲坐在小山丘上，眼光俯视着下面的羊类庶民们。没有什么能使它从高尚的职务中分心，即使是一只友善的手递过来的面包皮。是的，它并不漂亮，又长又乱的黑毛被无数钩形种子弄脏了；它并不漂亮，但它那猎犬的头脑却极有天赋，能分辨出哪些可以做，哪些不可以做，能看出有一只冒失的羔羊不见了，落在了田垄中。真的，好像它清楚交给它看守的羔羊的数目似的，羊都成了它的伙伴，别人连一只羊腿都别想得到。它高高地立在小山丘上点数，少了一只，于是，法罗跑开了，然后领着迷失的羔羊回到羊群中来。你这眼光犀利的动物啊，我钦佩你的算术能力，尽管我不明白你那钝拙的脑袋，是怎样拥有这种本领的。是的，我们信任你，你这勇敢的狗！你的主人和我能随心所欲地去寻找食粪虫，出没在树林中；当我们不在时，不会有羊离开，也不会有羊去啃邻里的葡萄。

就这样，清晨时分，我有时和牧羊小伙子以及我们共同的朋友法罗一起，有时就我这一个牧羊人，领着七十头咩咩叫的羊儿，在阳光变得难以忍受之前，收集圣甲虫及其竞争者们的故事素材。

第一章 🐛 圣甲虫的粪球

圣甲虫在露天干活，而在地下的时候，不是独自一人，就是和客人一起享用它收集的食品；也许再回来说这些都是枉然，以前说的已经足够，新的观察丝毫没有给以前观察到的细节提供任何明显的补充。只有一点值得我留心，那就是粪球这简单的食物是怎样做成的。圣甲虫把粪球收集起来为它所用，运到在地下挖凿的餐厅里去。现在的笼子，条件比当初好多了，圣甲虫可以尽情地继续这项工程，为我提供具有很高价值的资料，用以解释巢穴建造的秘密。那么，我们就再来看一次圣甲虫加工它的食物吧。

那些被食用的新鲜食物得自骡、马，最好的是羊赏赐的。一大堆粪便的香气四处传播着信息，四面八方的圣甲虫都跑来了，展开红棕色的触角瓣，不停地抖动，这是十万火急的信号。那些正在地下午睡的圣甲虫，凿开沙质的天花板，也从地下室中奔出来。它们全部都入席就餐了，当然邻座之间为了抢一小块更好的食物也会有争吵，长长的前足突然翻过来，互相都栽了个跟头。然后，它们变得安静了，暂时没有别的口角，个个都各居其位地开采粪堆。

通常，一小块本来就差不多圆圆的粪块，就是粪球的核心，粪核一层一层地裹上粪料，逐渐变大，最后变成一个杏子大小的粪球。粪核的主人先尝一尝，如果觉得满意，就把它放在原地；有时，它要轻轻地刨，刮干净沾了沙子的表皮。现在，圣甲虫开始制造粪球了，它的劳动工具是半圆形额突上的六齿耙和前腿的长铲，前腿外边缘也同样武装过了，有五个强有力的锯齿。

圣甲虫的后面四条腿，尤其是较长的第三对，箍着粪核，一刻也不放开；它围着正在生产的粪球顶东转西转，在工地上四处寻找增大粪核的原料。额突碾呀，剖呀，挖呀，刮呀；前足也一起开动，收集材料，抱了一大抱，就马上裹到粪核上，轻轻地拍打；长着锯齿的前腿铲子用力地压几下，把新裹上去的一层夯紧。粪料就这样一抱接一抱、上下左右地加上去，最初弹丸大小的粪块不断增大，最后变成一个大大的粪球。

这个建筑者在工作时，绝不离开建筑物的圆顶：它围着球顶转动，忙着摆弄各个侧面；它弯下身，直到挨着地，去加工下面的部分；但自始至终，球的基点都没移动过，虫子也一刻不停地缠着它。

我们要得到一个标准的圆，得转个圈，以旋转来弥补我们的笨拙；小孩子想做一个大得使足了劲也摇不动的雪球，他就在地上滚雪球，因为滚动会让球的形状匀称，而用手直接来做和外行的眼光都可能做不到。圣甲虫比我们都要灵巧，它既不需要滚动，也不需要旋转；它一层叠一层地揉搓，不移动球的位置，甚至也没从球顶上下来一会儿，也用不着在必需的距离内做做研究，打量一下整体情形。它有曲起来的腿就够了，那腿像个圆规，活的球体圆规，用来检测弯曲程度。

不过，我只是非常有保留地引用圆规这种说法，因为许多例子让我深信，本能不需要特殊的仪器；如果还需要新的例证，那么在此就可看见。雄圣甲虫的后腿弯得很厉害，而雌圣甲虫的后腿差不多是直的，但是雌圣甲虫更灵巧，能胜任很多工作。我们稍后就会欣赏到，它干活时的那种美妙与优雅，远胜过加工这个单调的球。

如果那弯曲的圆规只起次要的作用，也许一点用处也没有，那么粪球为什么会这么匀称呢？只考察它们干活时的工具和环境，我绝对看不出原因。我们必须追究得远些，追究它们的本能天赋，那才是这套工具的指导者。圣甲虫对制作球体有天赋，就像蜜蜂对制作六棱柱有天赋一样。它俩的工作都达到了几何的完美，不需要某种特殊机制的配合，而这种特殊机制，是它们所拥有的外形必然强加在它们头上的。

目前，我们就记住这些吧：圣甲虫一抱接一抱地把收集到的材料层叠起来，制作粪球；建造这个球体时，圣甲虫既不移动它，也不转动它。圣甲虫不是转圈的工人，而是高超的塑形艺术家，依靠带锯齿的长臂的压力捏塑粪球，就像我们作坊里的模工用拇指塑泥巴一样。更难得的是，它的成果不是近似一个球，表面凹凸不平，而是一个标准的球，连人类的工艺也不能不承认它的技巧。

到了带着搜集的成果离开的时候，圣甲虫要把它埋在远一点、不怎么深的地方，安安静静地享受；粪球必须从工地上搬走，它的主人按照习俗，会马上开始推着它，在地面上四处滚动，有点像在历险。如果没有目击事情的开头，只看见被圣甲虫倒退推着滚动的小玩意，人们很容易会认为，球形是搬运的结果。因为滚动，所以粪球变圆，就像一块没有形状的泥土，被这么搬运也会变圆一样。由表面的逻辑而生的想法，完全是错误的，刚才，在这个球移动位置之前，我们就看到球体形成了。滚动对几何的精确没起到任何作用，它仅仅只是把球表面变成坚硬的外壳，把表面变得光滑一些，也许仅仅是把那些粗纤维嵌到粪球里去，因为原来的粗纤维会使粪球显得蓬松。滚动了很长时间的粪球，和还在工地上静止不动的粪球，外形上并没有区别。

这种形状，自一开始就一成不变地被采用，它有什么用呢？圣甲虫从球面上得到了什么好处吗？我得用一个核桃壳来代替放大镜的光学玻璃，免得一下子就洞穿了，圣甲虫在把糕点揉搓成球形时想得极其周到。羊那个比圣甲虫大得多的胃，几乎已经把所有可消化的物质都吸收了，给圣甲虫留下的食物是没什么营养的，而且还少得可怜，所以圣甲虫必须以数量来弥补质量的不足。

摆在各种食粪虫面前的，都是同样的情况。它们都是些贪得无厌的饕餮之徒，全都是大胃王，即使体积很小的虫子，食量也不例外，西班牙粪蜣螂胖得像个榛子，光一顿饭就要在地下囤积一块拳头大小的馅饼；粪堆粪金龟在它的仓库底，储藏了一根一拃长像瓶颈粗细的香肠。

对这些强壮的食客来说，它们分得的那一份口粮是很多的。它们就住在一些在小范围活动的骡子拉的粪堆下面，在那里挖凿地道和餐厅。食物就在家门口，而且能够掩护它们。它们只需要一抱抱地把食物运进来就行了，不用花很多气力，想抱多少就一趟趟来回，外面没什么会暴露这个小城堡。在城堡底下，一些食粪虫就这么非常隐蔽地囤积了数量惊人的口粮。然而，圣甲虫没有豪宅的优势，可以在粪堆下收集食品。它生性漂泊不定，到了休息的时候，也不大爱和那些强盗同类做邻居；它会带着它的收获物，远远地找一个地方离群索居地住下来。它的口粮也许相对要少一些，不能和西班牙粪蜣螂巨大的糕点和粪堆粪金龟丰富的香肠相比。但这又有什么关系呢，食物再少，体积和重量还是大大超过了它本身的力气，而它竟然还要直接搬运哩。这太重了，实在重得不能夹在腿间飞着搬运，也绝对不可能用大颚咬住往前拖。

对这个急着从人群中走开的隐士来说，只有一种办法可以把一天需要的饭食，直接搬运到偏远的小窝里储藏起来。它只能把和它力气相当的粪料，一块接一块地迅速地背着飞走。但是，这样得来回多少趟，花多少时间，就为了这点小小的收获！再说，等它返回来，它看到的难道不是已经被众多宾客享用一空的宴席吗？这么好的机会，也许要隔很久才会再出现，应该好好利用，不能稍有耽搁。所以，从这个开发工地上，它必须一次就提取至少一天的食品。

那么，它该怎么办呢？很简单，搬不动的就拖，拖不动的就滚，那些在路上跑的四轮运货车的结构就是证明。圣甲虫于是选定了球体，这是最好的滚动形状，既不需要轴，又能适应地形的起伏不平，球面上每一点都是支点，这是施力最小所必需的条件。这就是由粪球解决的机械问题。圣甲虫的劳动成果呈球形，不是滚动的结果，而是在滚动之前就成形了；圣甲虫将粪球加工成球形，正是考虑到将来的滚动，因为滚动才使圣甲虫的力气有可能运送沉重的担子。

圣甲虫是太阳狂热的朋友，它那圆圆的头盔上呈辐射状的锯齿，就是模仿太阳的形象。它必须在强烈的光线下开发粪堆，取得食物或者筑巢的材料。其他大部分昆虫，像粪金龟、粪蜣螂、侧裸蜣螂、嗡蜣螂，都性喜阴暗；它们在粪便做的屋顶下工作，没人看得见，而且只在临近夜晚时，在黄昏的余光里觅食。圣甲虫就自信多了，它在大白天里欢快地寻觅、开采，在光线最强烈的时候收获，自始至终都毫无遮拦。它那乌黑的盔甲在粪堆里闪着光，却没有任何迹象显示，粪堆有其他不同种群的同行，它们在地下分得它们的那一份。上帝赐给圣甲虫的是光明，给其他的则是黑暗！

圣甲虫对阳光的爱，给它带来了欢乐；它陶醉在高温里，不时地轻轻跺脚，就是它开心的表现。不过，这种喜好也有不好的地方。西班牙粪蜣螂、粪金龟比邻而居，我从没撞见过它们在收集粪料时发生口角。它们在黑暗中行动，谁都不知道身边发生的事，无论谁占有了一个富足的粪堆，都不会引起邻居们的垂涎，因为它们察觉不到可以争夺的食物。也许正因为这样，在黑漆漆的地底下劳动的食粪虫才会和平往来。

我的怀疑是有道理的。抢劫这种弱肉强食的恶劣法则，并非野蛮人专有的特权，动物也有，圣甲虫更是大肆滥用。因为是在光天化日下劳动，谁都知道同僚们干的事。它们互相羡慕对方的粪球，富人和强盗就开始公然争夺。富人们很想走开，而强盗们却觉得，拦路抢劫同伴，比自己在工地上搓圆面包要方便得多。粪球的主人像个明星一样站在球顶，抵抗想爬上来的进攻者；突然它用带铠甲的手臂一挥，把侵略者推开，推它个四仰八叉。这只入侵的圣甲虫手脚在空中乱舞了一阵子，然后站起来，又走上前去，战争重新开始。而战争的结局总是无视公理和正义，抢劫犯带着赃物逃走了，被夺去财产的圣甲虫，只好又回到工地上去收集另一只粪球。在冲突之际，常常会突然冒出另一个盗贼，它借调解争斗双方的机会，侵占被争夺的粪球。我愿意相信，正是这类纠纷带来了那些幼稚可笑的故事，说什么圣甲虫赶去救援在困境中的兄弟，拉它一把。人们错把厚颜无耻的强盗，当成了乐于助人的帮手[1]。

圣甲虫抢劫成性，与它的非洲同胞贝都因人[2]具有相同的癖好，贝都因人也是掠夺成性。缺粮，饥饿，雌圣甲虫的挑唆，都不能用来解释它的这个怪脾气。在我的笼子里，食物很丰足，被我抓到笼子里来的圣甲虫，也许在自由的日子里，从没有享受过这样奢侈的菜肴。但是打斗争吵还是屡见不鲜。它们争夺粪球到了白热化的程度，就好像从没吃过饭似的。确实，生理需要并不是原因，因为很

----

① 见卷一第一章。——校注
② 贝都因人：阿拉伯游牧民族。因圣甲虫在非洲常见，故作者谓之非洲同胞。——译注

多时候，那些强盗把赃物滚动一会儿就扔掉了，它们只是为了抢劫的乐趣而抢劫。这正应了拉·封登①的那句话：

双重利益要实现：
首先是自己的利益，然后就是他人的损失。

了解了拦路打劫的癖好，那么认真加工粪球的圣甲虫该怎么办好呢？逃离这个圈子，离开工地，走得远远的，到藏身的地底下去享受美食。它这样做了，而且非常迅速，因为它对同类的习性太了解了。

只花一次工夫，而且尽可能快速地运送足够的食品，因此，圣甲虫必须有一辆简易运货车。圣甲虫喜欢在阳光充足的时候干活，它的收成都是在众目睽睽下堆积起来的，对赶到同一个工地干活的人毫无秘密可言。贪欲就这样被激起，为了躲开打劫，它就不得不退得远远的。然而，迅速地撤退必须有轻便的运货车，而运货车在收集时就被加工成球形了。

这个结论出乎意料，但是很有逻辑性，我甚至可以说得明白些：圣甲虫把食物加工成球形，因为它是太阳狂热的朋友。各种在充足的光线下劳动的食粪虫，譬如侧裸蜣螂和赛西蜣螂，都遵守同一条机械原则，它们都知道球体是最好的滚动机械，都醉心于粪球艺术。暗处的其他那些工人，就完全不一样，它们那一堆堆的食物都没有固定的形状。

这些笼子里的生命，还给我提供了一些值得一提的故事素材。

---

① 拉·封登（1621—1695）：法国著名作家，作品以《寓言集》最著名。——译注

我说过，新换进去的粪便，还温温热，那些在地面上游荡的圣甲虫就急急忙忙地冲来了。美味佳肴的香气很快也吸引了在地下打瞌睡的食客。小沙丘到处翻腾起来，像火山爆发似的裂开，之后我就见到这些宾客从火山中冒出来，用手掌擦亮满是灰尘的眼睛。地下室里的昏昏欲睡和小城堡厚厚的屋顶，都没有让它们灵敏的嗅觉出错，从地下钻出来的昆虫，差不多和其他圣甲虫一起迅速地赶到。

这些细节又让我们想起很多观察家不无惊讶地承认的事实。从塞特、莱昂、帕拉瓦、利翁湾、非洲海岸到撒哈拉，他们看到，在阳光灿烂的沙滩上，大量地繁殖着圣甲虫和它的同属半刻金龟、麻点金龟等等；气候越热，它们越强壮越活跃。它们为数众多，不过通常都不露面；即使是昆虫学家训练有素的目光，也可能一只都找不到。

不过现在情况变了。为生理需求所迫，你偷偷离开大家，躲在灌木丛中方便。你刚一站起来，开始整理衣裤，咻，不知从哪里突然来了一只、三只、十只圣甲虫，扑向你刚给它们提供的饲料。这些忙忙碌碌的淘粪工，是从很远的地方赶来的吗？当然不是。哪怕它们在很远的地方闻到了气味，也不可能赶到的，它们不可能这么快赶到这最近的意外之财之处。它们应该就在那里，在几十步远的范围之内，躲在地下打瞌睡。不过，即使在地底下迷迷糊糊地休息，它们的嗅觉也总是醒着的，能从藏身的地底下，感知令它们高兴的事情；于是，它们就凿开天花板，马上赶过去。那些蹿动的小生灵，使刚才还冷清的地方热闹起来了。

圣甲虫的嗅觉灵敏警觉，我承认；而且它的嗅觉还可以不停地工作。狗能用鼻子在地上嗅出气味，但是在它醒着的时候；而圣甲虫能在土里闻到它喜欢吃的美味佳肴，则是在睡着的时候。说到嗅觉的灵敏，哪一个更有优势呢？

科学到处吸收它发现的好处，甚至是从垃圾堆里；真理却在没什么能玷污它的空中飞翔。所以，读者大概会谅解食粪虫故事中某些不可避免的细节，对之前和接下来要发生的事会宽容一些。垃圾清洁工肮脏的工地，也许比茉莉花香水工厂更能带给我们高深的思想。

我斥责过圣甲虫贪得无厌，现在该证明我的说法了。我的笼子太窄，不适合尽兴地滚粪球；我的食客们常常不屑于把食物堆积起来，只是就地消费。这真是千载难逢的良机，因为公开的进食，比起地下的宴会来，更能让我了解食粪虫胃口的大小。

天气闷热，空气凝滞，这正是我的隐士们尽享口腹之乐的有利条件。从上午8点到晚上8点，我手上抓着表，留神观察一只在露天进食的圣甲虫。看起来，这只圣甲虫碰上了一块很对胃口的食物，在12个钟头里，它不停地大吃大喝，一直在原地一动不动地进餐。晚上8点，我最后一次去看它的时候，它的食欲好像并没有减退，这个贪吃鬼还是像开始一样兴致勃勃。这顿丰盛的酒席又持续了几个小时，直到美味佳肴被完全消灭。第二天，那只圣甲虫已不在那里了，前一天它进攻的那一大块粪便，只剩下一点碎渣。

一顿饭吃上十多个钟头，贪吃到这份上，真是厉害；但更厉害的，是它消化的迅速。这只虫子，前面不停地在咀嚼吞咽，后头呢，吃下去的东西又不断地排出来。营养颗粒被吸收了，拉出来的粪便连成一条黑色的细绳，就像修鞋匠的蜡线。圣甲虫就在饭桌上排泄，可见它的消化有多快。头几口吃下去，吐丝机就开始启动；最后几口咽下去一会儿，吐丝机就停了。进食的时候，那细细的绳从头至尾就没断过，一直挂在排泄口上。落地的细绳盘成一堆，只

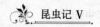

要还没干，就可以随意地把它解开。

消化排泄像秒表一样准时，每隔一分钟，说得更准确点，每隔54秒，圣甲虫就排出一点消化了的残渣，那条细绳就增加三四毫米。我用镊子把越来越长的绳子夹走，放到刻度尺上拉开，量一量有多长。我每次量的结果加起来，在12个钟头里，绳总长2.88米。晚上8点我提着灯最后一次看望它之后，它肯定还继续吃了一段时间，吐丝机也还在继续工作；所以正餐加上夜宵，这个观察对象共拉出了一条大约3米长的粪绳。

如果知道绳子的直径和长度，就很容易算出它的体积；圣甲虫本身的体积也不难测量，量一量把它浸到量杯里排出的水就行了。我据此得到的数据还是很有意义的，它们说明，单单一次恢复体能的进餐，圣甲虫12个钟头里，消化了和它体积差不多的食物。多厉害的肠胃，消化得真快，消化力真强啊！头几口吃下去，消化后的残渣就排出来，形成一条不断加长的细绳，只要圣甲虫还在吃，细绳就不断加长。这个惊人的蒸馏器，好像食物不断，运作也就永远不会停下来；原料只要从中经过，就马上经过胃的反应剂加工，排尽废料。我觉得，一个这么快净化垃圾的实验室，一定会在公共卫生中发挥作用。我以后还会有机会回到这个严肃的问题上来。

第二章 🪲 圣甲虫的梨形粪球

那个牧羊小伙子闲着的时候，负责监视圣甲虫的活动。6月下旬的一个星期天，他兴高采烈地跑来，跟我说，他觉得现在是做研究的好机会。他无意中看见圣甲虫从地下出来，便在它爬出来的地方翻找，结果在不深处找到了一个奇怪的东西。

这个玩意真的很奇怪，彻底动摇了我原来的观念。这个东西，形状像个迷你小梨，好像熟过了头，没有了新鲜的色泽，变成褐色。这个稀奇的东西，漂亮的玩具，就像是在作坊里制造的，它会是什么呢？是人工塑造的吗？是不是梨这种水果的仿制品，给小孩收集的？看起来确实是的。孩子们围着我，用渴望的目光看着这个新玩意；他们想得到它，想把它放进他们的玩具盒里。这个玩意，形状比玛瑙弹珠还要漂亮，比木陀螺还要别致。材料呢，说真的，看起来不是上上之选；但是摸起来很硬，曲线很艺术。不管如何，在了解更多的情况之前，这个在地下发现的小梨是不会去扩充玩具收藏盒的。

这个小梨真的是圣甲虫的杰作吗？里面会不会有卵或者幼虫呢？牧羊小伙子肯定地对我说有。他说，他挖的时候不小心把一个一模一样的梨压碎了，里面有枚麦粒大小的白色的卵。我不敢相信他，因为小梨的形状和我预料的球形相差太远。

剖开这可疑的东西，搞清楚里面的内容，这样做也许有点冒失。即使真如小伙子确信的那样，里面包含有圣甲虫的卵，我的破门而入也肯定会危害里面的胚胎的生命；再说，梨的形状与我迄今收集到的观点相矛盾，我觉得梨形可能是偶然的。谁知道我以后还有没有机会，偶然得到相同的玩意呢？我把它原封不动地保存起来，等着看会发生什么事，然后去实地了解情况。

第二天一大早，牧羊小伙子就在他的岗位上了，我在山坡上和他碰头。山坡上的树最近砍光了，夏天的太阳会烤得人脖子疼，不过在两三个钟头之内还晒不到我们。在清晨的凉爽中，羊群在法罗的监视下吃草，我们则开始搜寻。

我们很快就找到了一个圣甲虫的洞穴，是个刚盖不久的窝。我的同伴用有力的手挖掘，我便把我的小铲子给他用。这个轻便结实的工具，我每次出来的时候都随身携带，我真是无药可救地爱拨弄泥土。我趴在地上，目不转睛，以便更仔细地察看被捅开的地下建筑的布置设施。小伙子用小铲子挖，空着的那只手则把成堆的泥土抓起来移开。

我们成功了！一个洞穴被打开了，在半开的湿热地道里，我看见一个完好的粪梨横躺在土里。是的，这个我第一次发现的圣甲虫母亲的作品，给我留下了难以抹去的记忆。即使是像考古学家那样挖掘到古埃及的圣骨，即使我从法老的地下墓穴那琢磨成绿宝石的木乃伊中发掘出这神圣的昆虫，我的心情也不会更激动。啊，真理突然闪光的圣洁的快乐啊！还有其他的快乐能与之相比吗？牧羊小伙子也很欢喜，他为我的微笑而开心，为我的幸福而高兴。

"偶然不会再现，同一件事不会出现两次。"一句古老的格言告诉我们。这已经是我第二次亲眼看到像梨一样的独特形状。难道这是普通形状，而不是属于例外？那么，球体，就是圣甲虫推着在地上滚动的球体，是不是得丢掉？继续看下去，我们会明白的。第二个巢穴找到了，像第一个一样，有一个梨。这两个玩意像两滴水一样相像，好像是从一个模子里铸出来的。我还发现了很有价值的细节：在第二个洞穴里，在小梨的旁边，是圣甲虫母亲；它爱怜地抱着这个梨，也许正忙于最后完善小梨，此后便永远离开这个地下室。所有的怀疑都烟消云散了，我认得这个工人，原来小梨就是这个工人的劳动成果。

上午剩下的时间就只是寻找充分的证据。在难以忍受的阳光把我从正在开垦的山坡上赶走以前，我找到了一打形状一样、大小差不多的小梨。有很多次，我们都在洞穴深处发现圣甲虫母亲在场。

最后提一下我后来发现的事情。整个夏天，从6月底到9月，我几乎每天都到圣甲虫经常出没的地方去拜访，我的小铲子挖开的洞穴给我提供了超乎期待的资料。笼中的饲养又给我提供了另外一些资料，不过，说真的，很少能和在自由的田间得到的丰富资料相比。总之，在我挖掘的至少上百个巢穴里，总是藏着形状别致的小梨；从来没有，绝对从来没有圆形的粪球，从来没有书里告诉我们的那种粪球。

这个错误，我自己以前也犯过，我非常相信大师们的话。我以前在安格尔高原的研究没有任何结果，我的饲养实验也可悲地失败了，而我又一心想要给青年读者一个关于圣甲虫做窝的看法。所以我接受了圆形粪球的传统说法，然后，用类比推理的方法，再利用一点别的食粪虫的表现，试着大致勾勒出圣甲虫卵的外形。现在，我遇上了麻烦。不错，类比是一种很好的方法，但是它远远比不上直接观察的事实那样有价值！我被这个向导所骗，经常不忠实于生活中源源不断的事实真相，帮助把错误永远流传下去；所以我赶紧当众赔礼道歉，请求读者把我以前说的关于圣甲虫洞穴的话当作没说过^①。

现在，我来详细讲讲真实的故事吧，只用我看到过、审查过的事实作证据。圣甲虫的洞穴从外面看得出来，当圣甲虫母亲把洞穴封起来的时候，因为洞穴的一部分得空着，所以洞外有一堆翻动过的泥土，一个多出来的不能放回原地的小土丘。在小土丘下，敞开着一个不深的洞，大约一分米；之后，是一条或直或曲的水平地道，最后到达一个拳头大小的宽敞大厅，这就是卵所在的地下室。在这离地面几法寸的地方，周身裹着食物的卵，就由酷热的太阳来孵化。这里也是宽敞的工地，母亲可以自由地活动，把未来小宝宝的食物揉搓成梨形。

这含粪的食物躺着时长轴线是水平向的，形状和体积都让人想到圣约翰的小梨。小梨颜色鲜艳，香喷喷的，熟得也很早，很讨孩子们的欢心。粪梨的大小变化范围很小，体积最大的长45毫米，宽35毫米，最小的长35毫米，宽28毫米。

小梨表面非常匀称，虽然没有大理石那么光滑，但是沾着细小的红土颗粒的外壳是仔细打磨过的。它刚做成时，还是软软的，就像是有黏性的陶土；很快，这个梨形的大面包由于干燥作用，就有了一层坚硬的皮，用手指捏也捏不碎，木头也不会比它更坚固。这层皮是个保护层，把圣甲虫隐士与尘世隔离开来，让它在深深的宁静中享受它的食物。但是，如果干燥作用扩展到了中心，情况就变得异常严峻。我以后会再说到那些以变味面包为食的虫子的可怜处境。

圣甲虫的面包店加工哪种面团呢？骡、马是它们的供应商吗？

---

① 见卷一第一章。——校注

绝对不是。我也曾经以为是，所有的人看到它们在一大堆普通的牛粪里勤奋地收集，为其所用，恐怕都会这么以为。它们一般在粪粒里加工滚动粪球，然后在沙地下某个隐居处去消耗它。

那种比较粗糙的满是苇梗的面包，对它自己来说够了，但如果是给后代的，它就非常挑剔。它要上等的糕点，营养丰富，容易消化；它要绵羊赐的美食，不是干瘪的羊撒下的一条条的黑橄榄，而是在不太干的肠子中加工的单层硬饼干。这才是它想要的材料，专用的面团。这不再是马那没有脂肪的粗纤维产品，而是油腻而有黏性的细粪粒，饱含营养汁液。它的黏性和油腻使它适合加工成小梨这种艺术作品；它的食用质量又适合新生儿那脆弱的胃，在这个小小的粪梨里，幼虫能找到足够的食品。

因此，梨形食品的体积为什么那么小，就得到了解释。在看到雌圣甲虫出现在幼虫储粮室以前，我一直都怀疑这个新发现物的来源。我以前不能在这个小小的梨上看出未来圣甲虫的食物，因为，圣甲虫是那么贪吃，身材又是那么可观。

而且，我以前笼中饲养失败的原因，也得到了解释。由于对它的家庭生活极度无知，我给圣甲虫吃的都是四处捡来的马粪或骡粪；圣甲虫不会为它的后代接受这些，因此它拒绝筑巢做窝。现在，有了野外实验的教训，我找羊帮忙，把它当作圣甲虫的食品供应商，笼中的饲养也就照我所希望的进行了。这是不是说，从马那里得来的食物，即使是从最好的马粪中挑出来，再适当地剔除粗纤维，也绝不能用来捏塑养育后代的梨呢？假如没有最好的，它会拒绝普通的吗？对这个问题，我持谨慎的怀疑态度。我所能肯定的是，为了写这个故事而探查的一百多个洞穴，从第一个到最后一个，洞穴里的圣甲虫全都是靠绵羊为幼虫提供食物。

在这个形状独特的面包里，卵在哪里呢？很自然地，人们可能会把它安顿在圆圆的梨肚子中心。这个中心点最能防范外面的突发事件，温度也最恒定。而且，新生的幼虫从每个角度都能找到厚厚的食物层，随便哪一口吃下去，都不会出错。它周围的一切都是一样的，不需要选择；随便它把奶牙贴到哪里，都可以毫不犹豫地吃第一顿精细的餐点。

这观点看起来好像很合理，连我也上了当。勘察第一个梨的时候，我用小刀的刀锋一层层地在梨肚子中心寻找，几乎确信会在那里找到卵。大大出乎我的意料的是，那里没有。梨的中心不是空的，而是实的，那里仍然是一块质地均匀的食物。

我的推断应该是所有站在我的位置观察的人都会同意的，它看起来太合情合理了；但是圣甲虫却自有主张。我们有我们引以为豪的逻辑，这揉粪虫也有它的逻辑，而且比我们的逻辑要高明。它有远见，能预料到将要发生的事，所以把卵放在别的地方。

卵是在哪里呢？在梨很细的部分，在顶端的梨颈。担心损伤梨里的卵，我小心翼翼地把梨颈纵向切开，那里挖了一个四壁光滑发亮的洞，这才是胚胎所在的圣龛。相对雌圣甲虫的体积来说，卵非常大，白色，呈长椭圆形，大概长10毫米，宽5毫米。一层薄薄的空隙把它和孵化室的四壁隔开，除了头部粘在梨颈顶端的壁上，卵与洞穴四壁没有任何接触。梨通常的摆放姿势是水平卧放，除了粘着的那一点，卵整个都睡在空中，而空气就是最有弹性、最温暖的床。

这下我清楚了，现在我试着来弄明白圣甲虫的逻辑，来了解为什么粪球必须是梨形，一个在昆虫工业中这样古怪的形状；我还想探究卵所处独特位置的有利之处。我知道，冒险涉足事情的前因后果和来龙去脉是很危险的，人们很容易困在这个神秘的领域，入口是变幻莫测的，它让人进去，然后把那些冒失鬼吞没在错误的泥泞里。因为危险，是不是就得放弃进入呢？为什么？

我们的科学与贫乏的工具比起来是如此伟大，但是在无边无际的未知面前，又是那么可怜；关于绝对真理，它知道什么呢？一无所知。世界只有当我们形成关于它的思想时，才会引起我们的兴趣。思想消失了，一切就变得枯燥、混沌、虚无。一堆事实并不是科学，而是冷冰冰的目录；必须解冻它们，用心灵的炉火赋予它们生气；必须让思想和闪光的理性起作用；必须阐释。

我知难而上去爬这个坡，试图解释圣甲虫的行为。也许我们可以把我们的逻辑当作昆虫的逻辑，毕竟，看到理性对我们的支配和本能对动物的支配，是如此惊人的一致，还是很奇怪的。

圣甲虫还是幼虫的时候，威胁它的一大危险是食物干燥。幼虫生活的地下室，天花板是差不多一分米厚的一层土。这薄薄的一层隔热板怎么能挡得住盛夏的酷热呢？夏日的骄阳把土都烤焦了，即使是深得多的地方，也像烧砖一样热。所以，幼虫的居室温度很高，我把手伸进去，能感到有热气冒出来。

食物起码得放上三四个礼拜，在此之前食物容易干燥，最后会干得幼虫无法下咽。如果幼虫的大颚找到的不是开始时那种软软的面包，而只有令人讨厌的面包皮，硬得像石头一样难以下咽，这个可怜虫就会饿死。它确实是饿死了。我发现过很多8月太阳下的丧生者，它们吃掉了新鲜食品，把里面挖了一个洞，最后因为再也咬不动那过硬的储藏品而饿死了。剩下的厚壳，就像一个没开口的锅，那只悲惨的幼虫就在锅里煮得干瘪了。

即使幼虫没有在干硬得像石头一样的粪壳里饿死，那么，它羽化为成虫后，也会因为不能冲破围城、摆脱束缚而死在里面。这一点我以后还会更深入地探讨，在此不再赘述，现在我只关心幼虫的悲惨处境。

我说过，食物干燥对幼虫来说是致命的，我看到的在那锅里烤过的幼虫已经证实了，下面的实验将提供更确切的证据。9月筑巢做窝的季节，我在一些纸盒和杉木盒里安放了一打左右小梨，都是当天早上从原产地挖出来的，我把这些盒子严密地封起来，放在实验室的暗处。实验室里的气温非常高，结果，没有一个盒子饲养成功：不是卵干瘪了，就是幼虫孵出来又很快死了。相反，在白铁盒和玻璃容器中，事情却进展得很顺利，没有一个饲养失败。

为何会出现这种差别呢？很简单，由于7月的高温，在易渗透的纸板和杉木隔热板下面，蒸发进行得很快，梨形的食物变干了，小虫也就饿死了。而在不渗水的白铁盒和密封得很严的玻璃容器中，没有蒸发，食物保持了柔软，所以幼虫也就像在出生地那样发育得很好。

要避免干燥的危险，圣甲虫有两种办法。首先，它用长长的手臂上的铠甲，使劲把梨的外层压紧，做成一个保护层，比中心更均匀更紧密。如果捏碎一个如此干燥的食品储藏箱，那层皮通常马上就会脱落，露出中心的核，让人想到核桃的壳和果仁。圣甲虫母亲加工粪梨的时候，只压表层几毫米厚的地方，做成一个外壳；但压力不会扩散到里面，在中间留下体积庞大的核。在夏天最热的时候，为了保持食物的新鲜，我们的家庭主妇把面包放在密闭的坛子里。而圣甲虫以它的方式做了同样的事：通过压紧，把给子女的粮食用一个坛子密封起来。

圣甲虫做的还不止这些呢，它是一个几何学家，能解决最小值的难题。在其他条件相同的情况下，蒸发的多少显然与蒸发面的面积成正比，因此，为了减少水分的流失，食物表面积相应地应该缩小；但是这最小的面积要包含最大数量的营养物质，让幼虫得到足够的食物。那么，什么形状，最小的面积包含的体积最大呢？几何学回答，是球形。

圣甲虫于是把幼虫的口粮加工成球形，暂时忽略那个梨颈；这球形不是盲目的机械条件所必然产生的形状，也不是在地上滚动得到的意外收获。我已经看到，为了有一架运货车，能更方便、更迅速地把收集的食物运到一边去食用，圣甲虫没有移动食物的位置，就把它加工成精确的球形；一句话，我承认球形在滚动之前就有了。

同样地，我马上可以确定，给幼虫准备的梨是在洞底加工的。这个梨没有转动过，甚至没有移动过。圣甲虫非常准确地把它做成需要的形状，就像造型艺术家用大拇指捏泥人一样。用它所具有的工具，圣甲虫也能得到其他的形状，曲线没有梨形成品那么柔和。比如，它可以做成粗糙的圆柱体，这是粪金龟通用的香肠形状；它也可以把工作简化到极限，把粪块随心所欲、没有固定形状地扔在那里。如果那样，工作的进展就快得多，圣甲虫也有更多的空闲时间在阳光下欢乐。但是，圣甲虫只选择球形，即使制作精确的球形难度大得多；它这样做，就好像深谙蒸发和几何学的原理似的。

接下来，我想弄清楚，粪梨的颈部的作用是什么呢？答案是肯定的，而且很明显，梨颈的孵化室里包含着卵。所有的胚胎，无论是植物还是动物，都需要空气，这是生命的原动力。为了让充满生机的助燃剂渗进去，鸟的蛋壳像筛子一样布满了气孔，圣甲虫的粪梨酷似鸡蛋壳。

为了避免食物干得太快，粪梨的外壳是压得硬硬的一层表皮；

而梨的营养核，就像卵黄，是藏在表皮下柔软的球；梨的透气房，是梨颈的小室。在梨颈的小窝里，胚胎四周充满了空气。为了呼吸换气，胚胎除了住在像尖角一样突出、浸在空气中的孵化室里，让气体透过容易渗透的薄壁，自由地进进出出，它哪还有更好的选择呢？

在核的中央，气流流通很困难。坚硬的外壳没有像鸡蛋壳那样的气孔，而中心的核也是紧密的物质。不过，空气还是会渗透到里面去，因为过不了多久，幼虫就会在那里生活；这只身体结实的幼虫，比起那才刚微微发出生命气息的胚胎来，要求就没那么挑剔了。

如果卵是位于已经长大的幼虫所处的位置，就会因窒息而死，下面就是证明。在一个细颈瓶里，我把羊粪装到里面塞紧，这是幼虫需要的上等食品。我把一根细细的棍子伸进去，用棍子尖挖个洞，象征孵化室；然后小心翼翼地把一枚卵从它的天然居室里搬出来，移到小洞里；再把洞口封上，上面用一层厚厚的食物压紧。这个人造粪梨与圣甲虫的粪梨，形状非常相似；只不过，卵是在核的中央，在我刚才仓促思考认为最适合卵的地方。然而，我选择的这个地方是致命的，卵死了。它缺了什么呢？似乎就是没有恰当的通风口。

这枚卵被大量冰冷的流质食物包围，外面的热量很难传进来，缺乏孵化所需的温度。所有的胚胎除了需要空气，还需要温度。对鸟类的卵来说，为了尽可能接近正在孵育它们的母亲，鸟的胚胎位于卵黄的表面。由于流动快速，所以不管卵的位置如何，胚胎都在卵黄的表面，这样它就能更好地利用趴在卵上的母亲的暖气。

圣甲虫卵是靠太阳晒热的地面来孵化的，它的胚胎也是靠近暖气的；它挨着大地这个孵育了众生的孵化器，从中寻求生命的火花；所以，它不是淹埋在无生气的粪核中央，而是处在粪梨上端的梨颈里，四周都浸在地面的温热气息之中。

空气和温度是非常基本的条件，任何食粪虫都不能忽视。不错，食粪虫的食物形状是多变的，我以后还有机会看到；除了梨形，根据制造者的种属，还有圆柱形、鸟蛋形、球形和顶针形。但是，尽管形状各异，其中一个最主要的特点却是不变的：卵位于紧挨地面的孵化室里，这是让空气和热量容易进入的好办法。在这种精妙的艺术方面，最具天赋的就是制作粪梨的圣甲虫。

我刚刚提过，这一流的面包师，其行为的逻辑性可与我们媲美。就我现在谈到的而言，我已做过的实验完全可以提供佐证。然而，还有更好的证明方法哩，我把下面的这个问题交给科学来阐述。胚胎伴着一大块食物成长，干燥作用会很快使食物无法食用。那么，食物怎样制作呢？为了便于接受空气和热量的影响，卵住哪里好呢？

问题的第一问已经回答过了，既然蒸发量与蒸发面积成比例，我们的知识会说：食物要做成球状，因为球的表面积最小，包含的物质体积最大。至于卵，既然它需要一个保护套以免受到伤害，那么把它放在一个薄薄的圆柱形套子里，再把套子立在球上面。

这样，所要求的条件都满足了：食物堆成球状，保持了新鲜；卵受到一个薄薄的圆柱形套子保护，毫无阻碍地受到空气和热量的熏陶。最起码的要求是满足了，但是形状太丑，实用就顾不上美了。

一个艺术家修改了我们由推理得到的粗陋作品，它把圆柱形换成半椭圆形，形状更优雅；再把连在球上的椭圆曲面修饰得精致优美，把整个形状变成梨形，一个有颈子的葫芦。现在这是一个美丽的艺术品了。

圣甲虫做的正是美学要求我们做的事。难道它也有美感？它知道欣赏梨的优雅吗？它当然看不见，它是在地底的黑暗之中制作粪梨的，但是它摸得到。尽管它的触觉很可怜，角质外壳很粗糙，但毕竟对柔和的轮廓并不是没有感觉呀！

我曾想就圣甲虫的作品提出的美学问题，来测试一下小孩的智力。我必须找一些稚嫩的小孩，智力才刚萌芽，还在早期的迷雾中沉睡。总之，他们的智力要尽可能和昆虫模糊的理解力差不多；当然，前提是假设两者的智力不相上下。此外，我还需要一些已经有智慧的小孩，可以理解我的话，所以我选了一些还不懂事的小孩，其中最大的六岁。

我把圣甲虫的作品和我经几何学推理后用手捏的作品，让这些小孩来评判。我的作品体积和圣甲虫的相同，形状是一个球上立了一个矮圆柱。我把他们分开，像忏悔一样，免得这个的意见影响那个的看法；然后出其不意地给他们看这两个玩具，问他们觉得哪个更漂亮。五个小孩，全都选圣甲虫的小梨，如此整齐的一致让我震惊。这些粗野的乡下小孩，还不知道擦鼻涕，对形状就具有某种审美感知力了。他们知道有一种美，有一种丑。

圣甲虫也是这样吗？没有人会在深知底细的情况下敢说是，也没有人敢说不是。这是个不能解决的问题，唯一的判断并不能作为参考。毕竟，这种回答很可能过于简单。花儿对美丽绝伦的花冠知道些什么呢？雪花对优雅的六角星形又知道些什么呢？圣甲虫很可能就像花儿和雪花一样，尽管自己的作品很美，却不知道它的美。

到处都有美，前提是要有能识别它的眼光。智慧的眼光，欣赏优美形状的眼光，在某种程度上，是动物的特权吗？对一只公癞蛤蟆而言，美的概念毫无疑问就是母癞蛤蟆。那么，除了性不可抗拒的诱惑力之外，对动物而言，还有真正的美的魅力吗？那么，普遍来看，什么是真正的美？是秩序。什么是秩序呢？是整体的和谐。什么是和谐呢？是……还是就到此为止吧。接在问题后的答案是没有边际的，达不到不可动摇的支点。一小块羊粪，引起了多少形而上学的思考啊！继续其他的问题吧，是时候了。

第三章 🐛 圣甲虫的造型术

现在我脚踏实地，立足于观察事实。圣甲虫是怎样制作体现母性的粪梨的呢？首先可以肯定，粪梨绝对不是根据在地上滚动的机械原理加工而成的，因为粪梨无论哪个方向都不可能滚动。就算葫芦状的肚子还可以滚动，可椭圆形突出的梨颈里面挖了个孵化室呀！这个精致的作品不可能是莽撞地强烈冲撞的结果，正如珠宝商的珠宝不是在铁匠的铁砧上锻造出来的。由于其他的显而易见、已经提到过的原因，我认为，粪梨的形状将从此把我们从陈旧的迷信中解脱出来，那些迷信认为，卵是放在一个被猛烈颠簸推动的粪球里。

雕塑家为了设计他的杰作，关起门来工作，圣甲虫也正是这样做的。它关在地下室里，潜心加工拖进去的粪料。圣甲虫用两种方法处理收集到的粪料，一种是在粪堆里按照我们已知的方法收集优质食物，就地把它揉搓成球形，之后再滚动它。如果食物只是给它自己吃，它肯定就只这么干。

粪球体积庞大，假如地点不适合挖洞，圣甲虫就会滚动着重重的包袱上路。它毫无目的地往前走，一直走到一个合适的地方。一路上，粪球的形状不会比原来更完美，但表皮会滚得硬一些，还会沾上土和细小的沙粒。沾了泥土的表皮，真实地标示着路程的远近。这个细节有其重要性，待会儿它就会对我们有所帮助。

还有一种情况，就是粪块从粪堆里提炼出来了，粪堆附近就很适合挖掘地洞，那里的地，石头不多，容易挖洞；那么，它就不再需要搬运，也用不着便于滚动的粪球。圣甲虫把羊赏赐的松软的蛋糕收集起来，一块块没有形状的粪料，就这样原封不动地储藏到作坊里，需要的时候再分成各种各样的小块。

这种情形很少见，因为地面碎石块太多，很粗糙。易于挖掘的地点散布在四处，圣甲虫必须带着它的宝物四处游荡，去寻找合适的地方。不过，在饲养笼里，泥沙是用筛子筛选过的，这种情况反倒很常见。哪个角落都很容易挖掘，所以，圣甲虫母亲在产卵的时候，仅仅是把离得近的粪块运到地下，并不将它加工成某种特定的形状。

这种不用预先揉成便于运输的球状的储藏方式，不管是在田野里还是在饲养笼里出现，最后的结果都令人大吃一惊。前一天晚上，我看着一块没有形状的粪便消失在地下。第二天或第三天我去拜访它的作坊，就会发现那个艺术家正在欣赏它的作品呢。起初难看的粪块，它抱进去的碎块，变成了很规矩的梨形，极其完美。

这个艺术品带着圣甲虫制作方法的痕迹；立在洞底地面的那部分沾着少许泥土，其他部分都很光滑，亮亮的。在圣甲虫加工粪梨的时候，由于粪梨自身的重量和圣甲虫的拍打，还很松软的粪梨与作坊地板接触的那一面沾上了土粒，其他大部分仍然保持着圣甲虫赋予它的精细完美。

仔细观察这些细节，结论显而易见：粪梨并不是旋转的成果，它不是圣甲虫在宽敞的作坊里滚动出来的，因为滚动会使粪梨的表面全都沾上土。而且，粪梨突出的颈部也排除了滚动的可能性。粪梨也没有从头到尾翻转；它上面一点土也没有，这就是最好的证明。用不着移动也没有旋转，圣甲虫就在原地揉搓这个小梨；它用棒槌似的长臂轻轻地捏塑，就像我们在露天里看见它捏粪球一样。

我现在来说说田野里的情形。在田野里，粪块是从很远的地方搬来的，拖进地洞的球形粪料外面全都沾了土。粪梨的肚子已经做好了，圣甲虫会怎么处理这个粪球呢？如果我的野心只在答案，而不顾及方法，要得到答案并不很困难，只要抓住雌圣甲虫，连同它的粪球，整个把它们从地洞里转移到我的昆虫实验室，然后密切监视事情的进展就可以了。这种事情，我做过很多。

我把筛选过的土，装到一个短颈广口瓶里，然后把土弄湿，夯紧，再将雌圣甲虫和它抱着的宝贝粪球放到人造土的表面，然后耐心地等待。我的耐心没有经受太长的考验，这个虫子迫于卵巢的变化，重新开始中断的工作。

有时候，我会看到圣甲虫一直待在土面上，把它的粪球打碎。它把粪球捅破，弄碎，扒得四处都是。这绝不是这个绝望的小东西被抓住后昏了头，进行的破坏行为，而是明智的、出于卫生考虑的举动。在那些疯狂的争夺者之间匆匆忙忙收集的粪球，有必要再进行一次审慎的察看，因为当着那些强盗的面进行仔细检查，并不容易。那些包着嗡蜣螂、蜉金龟的粪料，在狂热的猎食争夺中，一不小心，就会裹到粪球里去。

6
弱小蜉金龟

这些无意的入侵者，在粪球的内部非常惬意；它们也会剥削以后的粪梨，大大损害合法消费者的利益，必须把这些饿痨鬼从粪球中驱逐出去。所以圣甲虫母亲要把粪球打碎，弄成碎屑，严格地审查；然后再把碎屑重新收集起来，做成球状。这时，粪球表面就没有土了，圣甲虫在地下把它加工成除了支撑点以外都干干净净的小梨。

不过，更为常见的情形是，粪球被原样埋到瓶子里的土中，就像我把它从地洞里挖出来的时候一样，外壳相当粗糙。这个粪球是从猎食地一路滚过田野，滚到要加工的地方成形的。我再次从瓶底察看已成形的粪梨时，小梨的外壳嵌满了沙土，粗糙不平。这证明粪梨并不需要圣甲虫对粪块从里到外进行全面改造，而是简单地拍压，拉出梨颈就可以做成。

绝大多数情况下，事情就这样按常态发展。从田野里挖出的粪梨，几乎全都结了一层硬痂，不怎么光滑。如果没有亲眼看到这层外壳是搬运所致，人们还会以为这粗糙的外壳可以证实，粪梨是圣甲虫在地下城堡里滚动、拉长的结果呢。当看到几个少有的光滑的梨形粪球后，我就彻底打消了这种错误的念头。我的饲养笼里产出的粪梨尤其干净，我由此知道了，用就近收集的、不定形的粪料加工成梨形，要进行彻底的塑造，但并不是用旋转滚动的方法。这些光滑的粪梨还证实：那些表面不光滑的粪梨，粗糙的沾了泥的外壳，并不是在作坊深处滚动加工的标志，而仅仅表明它们在地面经过了较长的搬运。

要目睹粪梨的加工制作并不容易，这个黑暗中的艺术家只要一有光线射到，就顽固地拒绝任何工作。它需要完全的黑暗来捏塑粪梨；而我则需要光线来看它干活。把两者结合起来是不可能的，不过我还是要试一试，把那不愿完全展露的真相断断续续地抓住。

我还是用刚才的那种短颈广口瓶，在瓶底铺上几指厚的土层。为了有一个四壁透明的作坊，我在泥土层上支了个一分米高的三角架，在架子上安置一个和瓶子的直径同样大小的枞木片。这样围起来的玻璃房就是圣甲虫宽敞的地下作坊。然后，我在枞木片的边缘切一个缺口，方便圣甲虫和它的粪球通过，最后在枞木板上堆一层土，与瓶口齐高。

在安装过程中，挡板上面的一部分泥土会坍塌，从缺口漏到下面的空间，形成一个长长的斜坡。这个艺术家发现这个连通的挡板后，会通过斜坡进到我为它准备的小室里去。当然，它只会在那个小室绝对黑暗的情况下进去。于是我做了一个纸筒，罩在玻璃瓶上。不透明的纸筒套在瓶上，可以给圣甲虫要求的黑暗；把它突然掀开，又有了我需要的光线。

这样布置好器具后，我开始寻找一个刚退到天然洞穴里的雌圣甲虫和它的粪球。正如我希望的那样，一个上午就够我做好准备工作。我把圣甲虫和粪球放到广口瓶里的一层土上，罩上纸筒，然后耐心地等待。这只虫子工作起来很执着，只要卵还没安顿好，它会又挖一个洞，慢慢拖动粪球；它会穿透上面那层不够厚的土，碰上的枞木片，类似它在田野挖掘中常常会挡住去路的碎石块；它侦查阻挡的原因，就会发现那个缺口，从这个小门下到底下的小房间；这个小房间对它来说，既宽敞又自由，就像我给它搬家前它所住的地洞。这些都是我的推测。准备工作必须花上一些时间，所以我最好还是等到第二天，再来满足我那失去耐心的好奇心吧。

是时候了，来吧。前一夜，实验室的门是敞开的，因为哪怕开锁的声音都会打搅这个多疑的昆虫工人，使它停下来。为了更小心，我在进实验室之前，穿上了走起路来没有声音的拖鞋。好吧，掀起纸筒，太好了！我的推测是对的。

圣甲虫正在玻璃作坊里，我在它忙碌时突然出现，看见它长长的足正放在已具雏形的粪梨上。但是，它被突如其来的光亮惊呆了，一动也不动，好像僵了一样。过了几秒钟，它转过身，笨拙地沿着斜坡往上爬，想再进到地道黑暗的高处。我打量了一下粪梨，记下它的形状、位置、方向，然后重新用纸筒罩上，让里面重新暗下来。如果我想继续实验，这种贸然窥视就不要持续太久。

　　我突然而短促的探访，揭示了这神秘工程的基本情况。刚开始的圆形粪团现在突出来一大块，外形有点像个不怎么深的火山口，让我想起史前时期的瓦罐，圆肚，开口边缘很厚，顶了用一条小槽收紧，只不过这一个的尺寸是微型的。这个粪梨的初坯揭示，圣甲虫的制作方法，与不知道拉坯辘轳的第四纪人类用的方法一样。

　　正被捏塑的粪球，一侧被勾勒了一圈，挖出一圈沟槽，这沟槽就是梨颈的起点。这个球还被拉出了一个又圆又钝的突起，中心被压过，把粪料都挤压到边缘去了，现出一个火山口，边缘不规则。最初的工作，圣甲虫只需要一圈圈地缠绕和挤压就够了。

　　傍晚，我又悄无声息地突然造访。这个雕塑家从上午的不安中回过神后，又下到作坊里去了。现在我的把戏又让它沐浴在光明之中，它被我挑起的怪事弄得惊慌失措，马上逃到上面一层去避难。这个可怜的母亲，被亮光折磨，要往上走，到黑暗中去，但是步子犹犹豫豫，极不情愿。

　　工程已有进展了，火山口深了，厚厚的边没有了，变薄了，收拢，拉长，形成了梨颈。而且，粪梨没移动过地方，它的位置、方向，就是我上午记下来的。立在地上的一面一直在下面，在同一个点上；朝上的一面一直在上方；已成梨颈的火山口是朝右的就一直朝右。据此得出的结论，完全证实了我以前的说法：没有滚动，圣甲虫只是用拍压揉搓来加工粪梨。

　　第二天，我第三次观察，小梨已经完工。梨颈昨天还是半开的口袋状，现在已经封闭。所以，卵也产下了。工程完工了，只需要全面地磨光、整修就行了。我打扰它时，这位一丝不苟地追求几何完美的母亲，正在对粪梨修修补补呢。

工程当中最复杂的部分，我错过了，但我大致地看清楚了孵化室的形成过程：开始围在火山口的突起，在脚的拍压下变小变薄，拉长成一个开口不断缩小的口袋。对这种工作，人们还可以有令人满意的解释。但是当想到圣甲虫那僵硬的工具——宽大的锯齿状铠甲动起来像木偶般生硬笨拙时，人们就无法解释孵化室的优雅完美。

这种粗糙的工具去挖矿石倒是一流，圣甲虫怎么能用它们来建造育儿房，建造内部精细光滑的孵化室呢？足上的锯齿奇大无比，活脱脱一个采石用的锯子，当圣甲虫把它从口袋的小开口伸进去的时候，那种轻柔，是不是可以和刷子媲美？为什么不呢？我早说过，现在再重复一遍："工具并不造就工人。"圣甲虫能用它所拥有的任何一种工具发挥专业才能，它就像富兰克林说的那种模范工人，会用刨子锯，会用锯子刨。圣甲虫就是用它刨土的大锯齿钉把做抹刀和刷子，把孵幼虫的小房间的泥墙粉刷得光光的。

最后我再谈一个关于孵化室的细节。在梨颈的顶端，有一处总是显得与众不同，那里竖着几根很粗的纤维，而其他地方都细心地磨平了。那是雌圣甲虫安顿好卵后，用来封住小口子的塞子。塞子蓬松的结构说明，它没有经过拍压，尽管粪梨的其他地方都被压得实实的，一点突出的纤维都没有。

为什么顶端布置得这样例外、奇特，而其他地方圣甲虫都用足有力地拍压过呢？因为，卵就靠在塞子后面，如果用力挤压它，把它往后推，塞子就会把压力传到胚胎身上，胚胎就会被压死。圣甲虫母亲清楚这种利害关系，所以轻轻地用塞子封住开口。这样既可以保证孵化室的空气流通，又可以让卵避免挤压拍打会引起的足以致命的震荡。

第四章 🪲 圣甲虫的幼虫

在地洞薄薄的天花板下面，圣甲虫的卵处在强烈的日照之中，太阳是它最主要的孵化器。但阳光是变化的，所以胚胎的苏醒没有也不会有确定的日子。日照强烈的时候，产卵后五六天就有小虫了；温度稍低一点，要到第 12 天才能见到幼虫。6 月和 7 月正是孵化的时节。

一出襁褓，新生儿就迫不及待地去咬孵化室的墙壁。它开始吞吃它的房子，不过不是随意的，而是谨慎行事，避免犯错误。如果它咬屋子两侧很薄的地方，也没什么会阻挡它，因为那里也和其他地方一样，用的是上好的材料；如果它用大颚去啃咬梨颈顶端最薄弱的地方，则会由于还没拥有足够的黏合剂，而把防护围墙捅个缺口。我们将会看到，由外在因素引发种种类似事故的时候，幼虫使用的就是黏合剂。

如果小幼虫在食物堆中随意乱吃，就会处在外面突发事件的威胁当中；至少，它很可能会从摇篮里滑出来，从敞开的天窗里摔到地上。一旦从住所里掉出来，这个小幼虫就完蛋了。它会找不到母亲给它储存的食物，即使找到了，它也会被结了痂的壳拦住。这新生的小虫，尽管身上还沾着卵的黏液，智力却已很发达，完全明白危险，而且会用成功可靠的策略来避开危险。那些高等动物在小的时候，决不会有它这么高水平的智力，它的母亲这时还守在身边呢。

尽管幼虫四周都是一样的食物，都很对它的胃口，但是它只进攻房子的屋基，那里连着体积巨大的粪球，可以让这个消费者随心

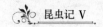

所欲地四处咀嚼磨牙。

谁能给我解释它对这个进攻点的偏爱呢？这一点的食物与其他地方没什么区别呀！薄薄的墙壁影响了它柔嫩的皮肤，让这个小家伙知道它离外界很近吗？这种影响又会体现在哪一方面呢？再说，它才刚出生，对外界的危险又知道些什么呢？我迷糊了。

或者说，我又搞清楚了，我从另一方面领悟到了好几年前土蜂和泥蜂教给我的东西。这两个聪明的食客是解剖专家，能清楚地区分能和不能，它们慢慢地吞吃猎物，但是不到吃完决不把猎物杀死①。圣甲虫也掌握了一种高超的进食艺术。虽然它用不着操心食品的储藏问题，食品是不会腐烂的，但至少它要小心不要咬错方位，让自己暴露在外。在这可能致命的进食中，开始的几口又是最可怕的，因为幼虫是那样脆弱，墙壁又是这么薄弱。所以，要保护自己，幼虫具有原始的灵感，没有灵感谁都不能活下来。它听从本能的命令，本能告诉它："你要咬这里，千万别咬别的地方。"

于是，即使其他地方的食物再诱人，幼虫也不会去碰，只在规定的地方啃咬；它从梨颈的基部开始进食，几天之内，它都沉浸在这个圆鼓鼓的粪块中，逐渐变得又肥又胖，把肮脏的粪料转化成胖乎乎的幼体。它的身体闪着健康的象牙白的光泽，还带着点深灰色的反光，身上一点也不脏。粪料没有了，化在生命的熔炉里了，只留下一个空空的圆洞，幼虫住在里面，在圆拱顶下弯着背，身体折成两截。

在此之前，技艺高超的昆虫还从没向我展示这么奇特的一幕。因为我一心想看看在巢穴里的幼虫，便在梨肚子上开了一个0.5平方

---

① 见卷三第二章。——校注

厘米的小天窗。那个隐士的头马上出现在洞口，来打听发生了什么事。它看清楚了这个缺口，头又消失了。我隐约看见它白色的背部在小小的巢穴里转动；很快，我刚刚开的小窗就被一团褐色的、软软的东西封住了，而且那软软的一团东西又很快变硬。

我本以为幼虫的巢穴里是些半流质状的浆体；突然滑动的背部证明，幼虫正在绕着自己转动，大把地收集这种东西；转了一圈后，再把抱着的东西当作石灰浆，塞到它认为很危险的缺口上。为了证实我的猜想，我又掀开封口的塞子。幼虫又出动了，把头探到小窗上，然后缩回头，原地转动，就像一个果核在果壳里转动一样；马上，缺口上又有了一个和前一个同样大小的塞子。这一次，因为预先知道要发生的事，所以我看得比较清楚。

我先前犯了个多大的错误啊！不过，我并不因此觉得难为情，因为这个小家伙保护自己的手段，经常是我们想都不敢想的。它转动之后，出现在缺口处的不是头部，而是尾部。幼虫不是抱了一团从四壁刮下来的饭团，而是在缺口处拉了一泡屎来封住那个口子，这样就经济多了。幼虫要精打细算，口粮是不能浪费的，可吃的东西太少了。再说，黏合水泥的质量也很好，很快就会凝结。只要肠子里总是满的，这种应急修补措施就进行得非常迅速。

确实，它肠子里的库存之丰富令人惊讶。有五六回或更多次，我接连地把塞上去的塞子拔开，而灰浆也一次接一次地大量分泌出来，似乎那个储藏室取之不尽用之不竭，随时为这个泥水匠效劳。圣甲虫幼虫像成虫一样是个排泄冠军，它的肠腔这么听话，其他任何动物都不会如此，稍后的解剖会做出部分解释。

漆匠和泥水匠都有抹刀；幼虫勤勤恳恳地修复自己窝上的缺口，它同样也有抹刀。它身体的最后一节，被斜斜地截去，形成一个倾斜的平面，一个大圆盘，周围有一圈垂下来的肉。在大圆盘的中心，开着一个扣眼样的口子，是黏合剂的分泌口。这就是它的大抹刀，扁平扁平的，带着一圈凸边，防止从体内挤压出来的黏胶白白流走。

挤出来的黏胶一旦成堆，磨平和挤压的工具就开始运作，把黏合剂送到凹下去的缺口，用力压进那塌下去的口子里，让水泥变得坚固、平坦。用抹刀抹平之后，幼虫就转过头来，用宽大的前额敲打、压紧，并用唇修理完美。等上一刻钟，修补过的地方就会和壳的其他部分一样硬，因为水泥凝固得很快。从外面看，压在开口处的水泥不规则地突起，看得出这个地方修补过，不过那是幼虫的抹刀不能及的地方；在壳里面就什么痕迹都没有；被破坏过的地方仍然和往常一样平滑。粉墙匠封我们屋子里的墙洞时，也不见得比它做得更好。

幼虫的才能并不止于此，用它的黏合剂，它还能修理碎了的罐子。我来解释一下吧。粪梨的外壳又硬又干，像个结实的蛋壳，我把它比喻成一个装了新鲜食品的罐子。我在田野里挖掘时，有时碰上困难地带，小铲子用得不好，不时会把罐子碰碎。我把碎片收集起来，把幼虫放到原位，再把碎片拼好，用一小张旧报纸包起来，固定住这个拼装起来的罐子。

回到家，我发现这个小梨竟又变得和原来一样结实，尽管形状也许不好看，有长条的疤痕。原来一路上，幼虫已经把它破碎的蜗居修复好了。它用喷射出来的黏合剂把碎片之间的缝隙黏合起来，又在里面涂上厚厚的一层石灰浆，把墙壁加固。撇开不规则的外壳，修复过的居室可以和原来完好无损时相媲美。在这高超地修补过的保险箱里，幼虫又找到了它所需要的深深的宁静。

现在我该想想它粉刷的动机了。是不是注定要生活在黑暗中，所以巢穴上一有洞出现，幼虫都会塞上，免得讨厌的光线射进来呢？但是，幼虫看不见呀，它暗黄色的头颅上没有任何视觉器官的原基。仅仅没有眼睛并不能够否认光线的影响，也许光线只是被幼虫柔嫩的表皮隐约地感觉到了呢[①]？我必须做些实验来找出答案。

我差不多是在黑暗之中挖那个缺口的，只有一点点光，勉强能让我用工具撬洞。口子一挖开，我马上就把这个粪球放到盒子的暗处。几分钟以后，这个缺口又堵上了。尽管是在黑暗之中，幼虫还是判断准确，严严实实地把它的小屋封了起来。

我把一些幼虫从它们出生的粪梨中取出来，放到塞满食物的小圆瓶里饲养。我在那堆食物中，挖了一个小井，底部做成一个半圆形。这个小凹洞，和一个被挖去了一半的粪梨差不多，是个用来代替天然巢穴的人造窝。我把实验用的幼虫放到里面，隔离起来。居室的变化并没引起它们明显的不安，它们发现我选的食物很对自己的胃口，就像平常一样在围墙上啃起来。迁居丝毫没有引起这些泰然自若的大肚客的慌乱，我的饲养非常顺利。

接下来发生的一件事，值得记录下来。我挖的小井只相当于粪梨下半部，所有的迁居者都动手慢慢地把小窝补圆。我给它们提供了木板，它们就想在木板上加一个天花板，一个圆屋顶，把自己关在一个球形的围墙里。它们用的材料就是肠子里生产的黏合剂；修补工具就是抹刀，就是臀节那圈突出的肉围着的斜面。它们把分泌出来的建筑石膏抹到小洞边缘，等石膏凝固以后，就把这些石膏当作支点，接着建第二层稍微往内倾的洞沿。这样一层接一层地建下

---

① 圣甲虫与几乎所有蜣螂动虫均无视觉器官，连单眼的痕迹也没有，退化了。——校注

去，整体的曲线也就越来越明显。它尾部时不时地转动，最终拼装好了残缺的粪球。幼虫就是用这种方法，大胆地凌空建造圆屋顶，把我开了个头的球体修补完整；而我们的建筑师建造拱顶必不可少的脚手架和门拱支架，它都不需要。

有几只幼虫把工程简化了。玻璃瓶的内壁有时就在它要建筑的工程范围之内，它表面光滑，正符合这些细心的抛光工的喜好；而且弯曲度似乎也与它们预计的相吻合。于是它们利用了这一点，也许并不是为了节省时间和劳力，而是觉得紧邻着的光滑弯曲的内壁就是它们自己造的。在圆屋顶下，就这样保留了一块大大的玻璃窗，这正中我的下怀。

透过这扇玻璃窗，那些幼虫接连好几个礼拜，整天都受到房中强烈光线的照射，但是它们和别的幼虫一样安静，吃东西、消化，一点也不急着用一块水泥来挡住它们本来讨厌的光亮。所以，幼虫急急忙忙地去堵我在它的巢穴上开的缺口，并不是为了避开光线。

难道是因为怕风，因此即使是很小的缝隙，它也会仔细地糊上，免得风从缝隙中钻进来？这也不是答案。屋里的温度和它窝里的温度一样；而且，我捅缺口的时候，空气很平静。我并不是在暴风雨的时候去探访这个隐士的，而是在安静的屋子里，在更深沉更宁静的瓶子里。

因此，即使冷气流会刺痛幼虫敏感的皮肤，也不能成为理由；不过风仍然是个必须不惜一切代价避开的敌人。如果风从缺口大量地灌进去，带进7月酷暑的干旱，那么食物就会因为干燥缩成不能吃的硬饼干，幼虫也会因此变得有气无力，面色苍白，过不了多久，就会饿死。母亲已尽其所能，利用球形和密实的外壳来防止子女们悲惨地饿死；但子女们也不能松懈，要仔细看管好自己的口粮。

　　如果它们想一直都有松软的面包吃，就必须自己好好地塞紧装食物的罐子。裂缝是可能有的，而且是非常危险的，重要的是得立刻堵上。假如我没搞错，这可能就是幼虫成为粉刷匠的原因，它手拿抹刀，还有一个随时准备提供水泥的工厂。这个瓦罐修理工修理裂开的罐子，就是为了使它的面包保持松软。

　　这时，出现了一个重要的反对意见。我看到它那样勤奋地去糊的裂缝、缺口、通风窗，都是我用镊子、小刀、解剖针这些工具弄出来的。如果说，幼虫就是为了防止人的好奇心引起的灾难，才具有这样奇特的才能，那是无法让人接受的。它生活在地下，对人类有什么要怕的呢？没有，或者说几乎没有。自从圣甲虫在太阳底下滚粪球以来，我可能是第一个打扰它的家庭，让它透露真相，告诉我内情的人；在我之后，也许还会有别的人，但肯定寥寥可数！因此，答案不是这儿，人的破坏干预不值得让幼虫拥有抹刀和水泥。那么堵缝的艺术是做什么用的呢？

　　请少安毋躁，在巢穴平静的外表之内，在那看似绝对安全的蜗居里，幼虫仍然有危险。从小到大，谁会没危险呢？有生命，就有危险。对圣甲虫幼虫而言，尽管这个问题几乎没提到过，但是我已经知道三四类可怕的事故。植物、动物，还有看不见的物理因素，都在处心积虑地企图陷害它，破坏它的食品储藏柜。

　　在绵羊提供的糕点周围，竞争是激烈的。当雌圣甲虫赶到，拖出它那一份来加工粪球的时候，那一小块粪料通常都是在某些吃客的支配之下的，其中最不起眼的往往是最可怕的。尤其是小个子的嗡蜣螂，缩在粪料底下干得十分起劲。有几个贪吃的，还喜欢钻到粪块最厚的地方，浸到粪泥中央。斯氏嗡蜣螂就属于这一类，它身子乌黑发亮，鞘翅上有四个红点。还有最小的蜉金龟属，比如弱小蜉金龟，它把卵产在粪块肥沃的地方。雌圣甲虫在匆忙之中，不可能彻底仔细地检查收集到的粪球。有几个嗡蜣螂被剔除了，而埋在粪泥中央的就没被发现。再说，蜉金龟的胚胎太小，足以躲过雌圣甲虫的警戒。被入侵的粪块就这样被圣甲虫母亲拖到地洞里，揉搓成形。

我们果园里的梨有蛀蚀它们的虫，圣甲虫的小梨里有破坏性更大的虫子。偶然包在里面的嗡蜣螂蛀空粪梨，在里面捣乱。贪吃鬼吃得心满意足以后，就想着出去；它在小梨上打洞，那圆孔大得差不多可以放下一支笔。蜉金龟干的事更糟，它的后代孵出来了，就在那些食物之中生长、变态。我在笔记中记下了几个被破坏的粪梨，各个方向都被捅穿，布满了孔洞，那些不是有意寄生在粪球中的小食粪虫，就从这些开口中爬出来。

如果在粪梨上钻天窗的虫子太多，圣甲虫的幼虫就会夭折。它的抹刀和水泥还不够干这么多的活，只能应付破坏程度不那么严重、入侵者不多的情况。这时，幼虫会很快堵住它周围敞开的所有通道，抵抗侵略者；它讨厌这些家伙，把入侵者撵走。这样，粪梨中心就不会干化，它也因此得救了。

此外，很多隐花植物也夹杂在粪球中，它们钻进肥沃的粪球，把它一块块地像鳞片一样剥开，钻出一条条裂缝，还埋下它们的种子。如果粪壳被隐花植物钻出裂缝，而幼虫不用黏合剂糊住这些会引起干燥的天窗，来保护自己的蜗居，那么幼虫也活不长了。

第三种会招致幼虫完蛋的情况是最常见的。就算没有动植物的破坏，粪梨本身也常常会一块块地脱落，胀开，碎掉。这是不是因为雌圣甲虫在加工的时候，压得太紧，外面一层发生反应的结果？还是由于粪梨里面开始发酵了？是干缩的结果，就像黏土干缩、裂开一样吗？很可能这些都有份。

不过，还没有什么能明确地证实，我观察了可能引起干燥作用的很深的裂缝，裂开的坛子并不能很好地保护里面柔软的面包。但我们用不着担心这自然裂开的缝隙会把事情搞糟，幼虫会马上采取补救措施。赋予它的本事，装备在它身上的水泥和抹刀，不会没有用。

现在我来给幼虫画个大致的草图，不要停留在一条条地数唇须、触角这些枯燥的细节上，这没有任何意义。这是条胖乎乎的幼虫，皮肤洁白细嫩，通过透明的皮肤看到的消化器官带点灰白的光泽。它弯成一个圆拱，像个钩子，让人想到鳃金龟的幼虫，不过身材更难看。背面突然弯曲的地方，腹部的第三、四、五节，鼓成一个大驼背，像个气泡，也像个鼓囊囊的袋子，那几节的皮肤好像就要被里面装的东西撑得快裂开了。总体说来，这只幼虫像个托起来的褡裢。

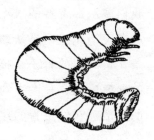

圣甲虫的幼虫

相对于幼虫的身体来说，它的头很小，稍微外突，淡红棕色，稀疏地竖立几根细细的白毛。足比较长，结实有力，末端有尖尖的跗节，但幼虫并不把足当作前进的器官。我把幼虫从粪球里拿出来，放到桌上，它坐立不安，笨拙地扭来扭去，还是没能移动。那一再喷出的水泥，流露出这个四肢不灵的小家伙的不安。

我还要提一下幼虫尾部的抹刀，那是最后一节体节被截出的一个倾斜的圆面，边上有一圈突出的肉垫。斜面中心开着排粪口，排粪口很奇怪地转了个方向，朝上敞开。如果我可以用两个词形容这只幼虫，那就是：大驼背和抹刀。

米尔桑[1]在《法国鞘翅目昆虫史》中也描写了圣甲虫的幼虫。他一丝不苟地、详细地告诉我们它的唇须、触角的数量和形状，他看到肛门和棘毛，他看到了放大镜下面的很多东西；但他没看到几乎是幼虫身体一半的大褡裢，也没看到身体最后一节的奇怪形状。我觉得这个详细的解说家肯定搞错了，他给我们讲的幼虫绝不是圣甲虫的幼虫。

在结束幼虫的故事之前，我还得说几句它内部的结构。解剖会向我们展示那奇特的水泥厂。它的胃或者说消化道，是从颈部开始的一条又长又粗的管子，接在一段很短的食道后面，长度大约是幼虫体长的三倍。在幼虫胃的尾端的四分之一处，旁边挂了一个胀得鼓鼓的大食袋，这是一个附加胃，里面储藏着食物，食物的营养成分在那里被彻底吸收。消化道太长，不能笔直地在幼虫的体侧延伸，所以伸到附加胃里，又绕了回去，形成一个大大的环状把手，把幼虫的背都占满

圣甲虫幼虫的消化器官

了。也就是因为放了这个把手和旁边的食袋，背才鼓成一个驼背。幼虫的褡裢也就成了第二个大肚子，肚子的一个分支；如果只有原来的肚子，是容不下一个这么庞大的消化器官的。幼虫体内还有四

---

① 米尔桑（1797—1880）：法国博物学家，写过有关鞘翅目昆虫、蜂、臭虫的著作。——译注

根又细又长的马氏管①，混乱地缠在一起，画出了消化道的界线。

接下来的是小肠，窄窄的，管状的，往上盘绕。接在小肠后的是直肠，直肠转了个方向，又往下延伸。直肠特别大，肠壁特别粗，有很多横向褶皱，整个直肠都被里面装的东西撑得鼓鼓的。这里就是堆积消化残渣的宽敞的仓库，随时准备提供水泥的有力的喷射管。

---

① 马氏管：以意大利医生马尔比基（1628—1694）命名的昆虫主要排泄器官。——译注

第五章 🪲 圣甲虫的蛹和羽化

幼虫在孵化室里吃着食物做的墙，长大了。粪梨的大肚子慢慢地挖成一个空腔，屋子的空间也随着居民的长大相应地扩大。这个隐士在隐蔽所深处，既有吃的，又有住的，变得又肥又胖。它还需要什么呢？还得费点心思注意卫生问题。在这么小的窝里，幼虫占了差不多全部的空间，排泄是比较困难的；如果没有缺口要修补，那鼓胀胀的肠不停制造的黏合物，也得找个地方存放呀。

是的，幼虫吃东西并不挑剔，但饭菜也不能太奇特。最低等的动物也不会再吃自己或同类已经消化过的东西。胃这个蒸馏器已经把最后一点有用的元素都提炼出来，除非换一个化学家，换一套器官，否则再没有什么可提取的了。绵羊的胃比幼虫的大了好几倍，它把自己认为毫无价值的残渣拉出来，而这些对肠胃功能也很厉害的幼虫来说，却是很好的东西；我也毫不怀疑幼虫的残羹剩饭会让其他种类的消费者很中意，但是，对幼虫的嘴来说，它却是讨厌的东西。那么，在一个这样仔细算计过的小窝里，把那占地方的废渣撂哪里呢？

我以前讲过黄斑蜂的奇特方法①。它为了不把储藏的蜂蜜弄脏，便将消化后的残渣做成一个漂亮的箱子，那简直是细木镶嵌的杰作。圣甲虫的幼虫在与世隔绝的隐居中，只有这些垃圾要处理，而这些东西又让它非常不舒服，于是它掌握了一项本事，虽然没有黄

---

① 见卷四第八章。——校注

斑蜂那么艺术，但更舒服，我们留神看看它的办法吧。

　　幼虫从梨颈的基部开始进攻，总是吃它面前的东西，而不去触动保护自己所必需的薄墙。于是，幼虫身后就有了一块空地，废物就存放在那里，这样就不会把食物弄脏。孵化室也就这样被最先吃剩的渣滓堆满；然后，渐渐地粪球里也有了放垃圾的地方。粪梨的上半部分又逐渐恢复了开始的密度，而基部的厚度却在减少。因此，在幼虫身后虽然堆积着不断增加的排泄物，但身前却是还没碰过的、日渐减少的食物。

　　四五个星期之后，幼虫发育成熟了，便在粪梨圆突的肚子中挖出一个偏心的圆洞，靠梨颈的一端墙壁很厚，而另一端却很薄。这种不对称的形状是前方啃食和后方填充的进食方法的必然结果。东西吃完了，现在幼虫必须考虑布置一下小窝，把小窝垫得软软的，给皮肤柔嫩的蛹居住。幼虫最后几口已经刮到了允许范围的极限，所以最好把这个半球加固一下。

　　为了这个意义重大的工程，幼虫很小心地保存了丰富的水泥。抹刀开始发挥作用了，这一次可不是修补残垣断壁，而是把那薄薄的墙壁增加两三倍的厚度，再把整个窝用石灰粉刷一遍。它的窝会在尾部的滑动下抹得很平，摸上去柔软光滑。用这种水泥建的墙比原来的墙更坚固，幼虫最后将自己封在一个结实的保险箱里，这个箱子用手捏、用石头砸都很难打破。

　　房子准备好了，幼虫蜕皮，化成了蛹。在昆虫世界里，很少有谁能比这幼嫩的小生命更朴实无华，更美丽：鞘翅折在前面，像条有大褶子的长围巾；前腿曲在头下，就像成虫装死的样子，让人想起缠着亚麻绷带、姿势呆板的木乃伊。它身体半透明，带着蜂蜜似的乳黄色泽，看上去像是用琥珀雕刻出来的。如果这是一块坚硬的不可腐蚀的矿物质，那么它就像是一件美丽的黄宝石首饰。

在这个形状和颜色都很朴素的尤物中，有一点特别吸引我，最后还为我解决了一个更高层次的问题。它的前足有没有跗节呢？这件大事让我忘掉了这件首饰的结构细节，所以我还是回到一开始让我感兴趣的问题上来。这个问题的答案最终还是出现了，尽管姗姗来迟，却千真万确，无可争议。我原来研究上的种种不确定，变成了非常明显的常识。

出于一个奇特的例外，圣甲虫成虫和它的同属，前足都没有跗节，没有那种由五个小节组成的跗节。在高级的鞘翅目昆虫，即五跗节类昆虫中，有跗节是一般的法则。圣甲虫其他的足却又符合一般的法则，有完全成形的跗节。圣甲虫那锯齿般的前足是生来如此，还是偶然形成的？乍一看，很可能是一种偶然。圣甲虫热衷挖掘，勇敢地前行。无论是行走，还是挖掘，总是和粗糙不平的地面接触，当它倒退着滚动粪球前行的时候，前足成了它的支撑杆，因此，就比其他的足都容易扭伤，使娇弱的跗节变形、脱臼，于是后来的圣甲虫从一开始就完全失去跗节了。

如果这个解释会让一些人发笑，我得赶紧让他们醒悟。前足没有跗节并不是偶然的结果，证据就在眼前，无可辩驳。我用放大镜仔细观察圣甲虫蛹的足：它的前足没有跗节残存的痕迹；锯齿般的足像是突然被截断的，没有末端附器的原基。而其他的足，恰恰相反，跗节再明显不过，而且形状丑陋，蛹的褓褓和液体使它变得疙疙瘩瘩，就像是冻疮冻出来的。

如果蛹的证明不够，那么再来看看成虫的证明。成虫扔掉木乃伊一样的旧衣服，第一次在蛹室里翻动时，挥动的就是没有跗节的前足。现在，我可以千真万确地断定，圣甲虫生来残疾，前足没有跗节是天生的。

时髦的理论会回答：好啦，就算圣甲虫生来就被切掉了前足跗节，但是它的远祖可并不是这样。那时，它们遵守一般的法则，包括那干瘦的足都有正常的结构。但是，有一些圣甲虫前足上那娇嫩的跗节，在艰苦的挖掘和搬运工作中磨损掉了；这器官是个累赘，派不上用场；而它们发现偶然的截肢很适合干活，于是，为了后代的利益，就把截去的肢体传给后代。所以，现在的圣甲虫是得益于祖先的长期进化改良，在生存竞争的鞭策下，渐渐把这偶然的有利结构稳定下来。

哦，多幼稚的理论啊，在书上可以得意洋洋，但一面对现实就显得那么贫乏。还是听听我的吧：如果前腿没有跗节是一个很有利的条件，圣甲虫就把偶然的残肢从古时候忠实地遗传下来，那么，其他足的跗节，也都是些没有力量的细细的纤维，几乎没什么作用，而且太娇嫩，会被粗糙的地面磨损，为什么这些跗节又没有因为偶然而失去呢？

既然圣甲虫并不是登山运动员，而只是个普通的行人，用不着像松树鳃金龟那样用足尖悬在细枝上，所以，如果它用足尖武装的硬刺作支点站立，就像是使用包了铁皮的棍子尖；这样看来，圣甲虫完全不需要剩下的四只足的跗节，便把它们扔到一边。这几个跗节在它行走时游手好闲，加工搬运粪球时也不起作用。是呀，如果这样，那可是个进步呀；道理很简单，越不给敌人可乘之机，这样做就越值得。接下来我想要知道，偶然是不是有时会使事情发展到这个状态。

答案是肯定，而且经常如此。10月，好时光快结束的时候，圣甲虫在挖洞、滚粪球、加工小梨时，已累得筋疲力尽；大部分都因工致残，被磨去了跗节。在我的饲养笼里，我看到了各种不同截肢程度的圣甲虫。有一些，后面四只足的跗节整个掉了；有的留下了一段、一对关节，或一个关节；受伤最轻的也仅存了几节没受损的跗节。

这才是理论提到的截肢，但不是发生在遥远过去的偶然；每年冬天将至的时候，大多数圣甲虫都变成了残疾。但是在最后的工作时期，比起那些没有经过生活苦难的圣甲虫，我并不觉得它们有太多的行动不便。两者行动起来一样迅速，揉搓起面包来，一样灵巧。这面包，可以让它们在地下泰然地挨过严酷的初冬。这些残疾人干起食粪虫的活来，毫不逊色。

这些肢体残疾者在地下度过恶劣的季节，春天醒来，重新爬上地面，参加第二次或第三次生命的盛宴。它们也还在养育后代呀，它们的后代应利用这种改良进化呀！这种进化自世间有圣甲虫以来，每年都在重复，完全有时间稳定下来，转变成牢固的习俗。但是它们的后代没有。所有圣甲虫一出粪壳，都无一例外地长着合乎常规的四只带跗节的足。

理论啊，你对此做何感想呢？前两个没有跗节的足，你给的解释还像那么回事，但其他四个有跗节的足可是明确地把你反驳住了。你把幻想当真理了吧？

那么，圣甲虫生来残疾的原因到底是什么呢？我干脆地承认，我一无所知。这两只没有跗节的足确实很奇怪；在数不尽的昆虫系列里，它们这样奇特，让许多大师，甚至是最有名的大师，都犯了令人遗憾的错误。先听听拉特雷依这位昆虫学权威的话吧。在他论及古埃及人刻画在纪念碑上的昆虫学文集①中，他引用了荷尔阿波罗的文章，这是用纸莎草纸②保存下来的赞美圣甲虫的唯一文献。他说：

> 人们肯定想弄清楚荷尔阿波罗关于圣甲虫跗节数的猜想。他认为有30个。这种估算，从他观察足的方式来看，非常正确，因为跗节是由5个小节组成；假如把每个小节都看成一个跗节，6只足末端的跗节都有5个小节，很明显，圣甲虫有30个跗节。

对不起，了不起的权威，跗节的总数只有20，因为前两个足没有跗节。一般的法则牵住了你的鼻子，其实你是知道这个独特的例外的，但你忽视了，你说有30个跗节，一时之间被那过于肯定的法则主宰了。是的，这个例外你知道，你的论文里附了圣甲虫的插图，不是根据埃及人的纪念碑而是根据昆虫本身画的插图，插图非常正确，无懈可击，图中圣甲虫的前足没有跗节。你的失误可以原谅，因为这个例外太奇怪了。

米尔桑在《法国圣甲虫》一书中，重复了荷尔阿波罗的话，认为昆虫有30个节的理由是，这个数目就是太阳穿过一个黄道星座所需的天数。他重复拉特雷依的解释，不过解释得更动听。还是来听听他的吧，他说："把跗节的每个小节看作一个跗节，人们会承认这个昆虫被仔细审查过。"

仔细审查过？被谁？被荷尔阿波罗？被你，权威！百分之百肯定是你。不过，法则的绝对性让你一时之间糊涂了；而且在你画圣

① 见《自然博物馆论文集》第五卷，第249页。——原注
② 纸莎草纸：纸莎草是一种生长在尼罗河沿岸的植物，埃及人取其茎制成纸莎草纸，用于书写。——校注

甲虫的图片的时候，你错得更厉害，你画的圣甲虫长了一对带跗节的前足，和其他的足一样。你，那么细心的描绘家，也为这种失误做出了牺牲。法则的普遍性让你忽视了例外的特殊性。

荷尔阿波罗自己看见了什么？大概就是我们今天看见的。如果拉特雷侬的解释正确，一切看起来都像他说的那样，这个古埃及作者最早以跗节的节数为依据，认为有30个跗节，这种计算是根据一般的资料得出的。他犯了一个大错，但并非罪大恶极，几千年后，像拉特雷侬和米尔桑这样的权威，也同样犯了这个错误。在这个问题上，唯一有罪的，是昆虫独特的结构。

也许有人会说："为什么荷尔阿波罗看到的不是准确的真实情况呢？可能他那个时期的圣甲虫有跗节，但今天已经失去了，多少个世纪坚忍不拔的工作可能已经改变了它。"

要回答进化论者的反驳，我希望人们能出示一只和荷尔阿波罗同时代的圣甲虫。古埃及人在地下坟墓认真地保存了猫、白鹮鸟、鳄鱼，也应该保存了圣甲虫。但我只有几张图片，它们是复制的。原型是刻在纪念碑上的，或用颈链上以小石头雕作护身符的圣甲虫，尽管古代艺术家在整体形象的雕刻上非常忠实，但他们的作品上都没有留意跗节这种小细节。

这样的资料，我知道得很少，我也很怀疑雕刻是否能解决问题。即使人们在哪里找到了有跗节的画片，问题也不会有进展，因为失误、不小心、对于对称的偏爱，都有可能成为理由。如果怀疑在一些人的思想里扎了根，就只有用一只真正的古代圣甲虫才能消释。我期待有这么一只圣甲虫，但在此之前，我深信法老时代的圣甲虫和今天的圣甲虫没什么不同。

这个古老的埃及作者写的书很难理解，那些不合常理的比喻常常令人猜不透，不过，我还要再谈谈他。他偶尔有些简要的介绍，正确得令人惊讶。这是意外的巧合吗？还是仔细观察的结果？当然，我倾向于后一种意见，因为他的说法和某些生物细节完全吻合，而这些生物细节，我们的科学至今都还不清楚。圣甲虫的隐秘生活，荷尔阿波罗知道得就比我们多。他告诉我们：

> 圣甲虫把粪球埋在地下，在那里藏了28天，和月亮运转一周的时间相等。在这段时间里，圣甲虫的后代获得了生命。第29天，圣甲虫知道这是日月交汇和世界诞生的日子，它打开粪球，把它扔到水里。从这个粪球里出来的动物，就是圣甲虫的后代。

撇开月亮运行、日月交汇、世界诞生以及其他的星相学奇谈怪论，我们只须记住：在28天之内，圣甲虫生出来了；在圣甲虫的羽化中，水是必不可少的条件。从科学角度看，这是准确的事实。它们是想象的还是真实的？这个问题值得考察。

古代人不知道昆虫变态的奇妙之处。对他们而言，一只幼虫就是一条从腐烂中生出来的小虫。这可怜的生物，没有什么美好的未来，能把它们从卑贱状态中解脱出来；它是一只一出现就要消失的小虫。他们觉得在这条小虫的躯壳之下，并没有酝酿什么高级生命；它就只是一个生物，被人忽视到了极点，而且很快就要回到它出生的腐烂物之中去。

所以对这个古埃及作者来说，圣甲虫的幼虫也是很陌生的。即使他看到了一个住着一只大腹便便的圣甲虫幼虫的粪球，他也绝不会猜到这污秽难看的小东西，就是日后朴实优雅的圣甲虫。那个时代流传长久的观点认为，这神圣的昆虫无父无母；对幼稚的古代人而言，这是个可以原谅的错误，因为昆虫的性别不可能从外表区分。他们认为圣甲虫是从粪球中出生的，而且它的诞生是从蛹算起，这琥珀色的珠宝已经体现了圣甲虫成虫的特征，而且完全清晰可辨。

所有古代人都认为，圣甲虫是从它能够被认出的时候开始有生命，而不是在此之前，因为如果那样，就会出现幼虫，而幼虫的血统还没有人知道。根据荷尔阿波罗的说法，圣甲虫的后代在28天内获得了生命，所以这28天代表蛹期的天数。在研究中，我特别重视这个数字。蛹期是变化的，但变化范围很小。我收集到的资料，最长的时间是33天，最短的21天。20来次观察得到的平均数是28天。28这个数字，也就是4个星期，出现率比其他数字都高得多。荷尔阿波罗说得很对：在阴历一个月里，真正的圣甲虫获得了生命。

四个星期过去了，现在圣甲虫最后成形了。对，只是形状，而不是肤色。它蜕去蛹的旧衣后，肤色极其怪异：头、足、胸都是暗红色，只有头盔的锯齿和前足的锯齿带着烟熏似的黑褐色；腹部是不透明的白色；鞘翅则是半透明的白色，染了点淡淡的黄色。这威严的服饰，融合了主教披风的红色和祭司长衣的白色，与这神圣的昆虫倒很相配，只是这衣服是暂时的，它会慢慢变黑，变成单一的乌黑色。还有一个月的时间，角质盔甲会变得坚硬，肤色会最后确定。

终于，圣甲虫成熟了。它即将从获得解脱的快乐和不安中苏醒了。至今还是黑暗之子的它，急着活跃在阳光下。冲破蛹室，从地下冒出，来到阳光下，这愿望是如此强烈；但是，获得解脱的困难也不小。出生时的摇篮，现在已变成了可憎的牢笼，它能不能从中出来呢？这要看情况了。

通常，圣甲虫是在8月羽化破壳而出的。但是，除了少数例外，

8月是炎热干燥、骄阳似火的季节，如果没有阵雨偶尔缓和一下气喘吁吁的大地，那么，那要冲破的小屋、要打穿的围墙，就会让圣甲虫的耐心和力量落空；在坚硬的粪壳面前，它无能为力。过长的干燥期让原来柔软的粪料变成不可穿越的城墙，变得像盛夏的火炉里焙烧的砖头一样硬。

当然，我不会忘记把圣甲虫放在这样困难的情况下做实验。我收集了一些粪梨，里面包着的圣甲虫成虫即将出来，时候已经不早了。这些粪壳，已经又干又硬，我把它们放在一个盒子里，保持干燥。几个粪壳里先后传出尖锐的锉刀的窸窣声。这是囚徒们正在用头盔上的耙和前足刮墙壁，努力想打开一条出路。两三天过去了，解放运动看起来没有进展。

我帮助其中的两只圣甲虫，用刀尖在壳上开了个天窗。我以为，这个口子给里面的隐士提供了一个有可能扩大的进攻点，会让解脱变得容易一些。但是，我的帮助没有任何作用，并没让它们干得比其他圣甲虫快。

不到两个星期，所有的壳都安静了下来。这些囚徒，白白费力气，最后都筋疲力尽而死去了。我打碎粪壳，发现里面躺着那些牺牲者。小小的一撮灰，体积才相当于一颗小豌豆，这就是那些强有力的工具，比如锉、锯、钉耙，从不可征服的城墙上刮弄下来的。

我把另外一些同样硬度的粪梨用一块湿毛巾裹起来，放到一个密封的小瓶子里，湿气渗进去以后，再把裹着的毛巾拿走，让粪梨仍然留在瓶子里，塞上瓶塞。这一回，事态的发展就完全不同了。粪梨的外壳被湿毛巾软化，顺利地被打开了。里面的囚徒以背为支点，高举的脚用力抵住，把壳从中间推开；或者盯着某一点刮，把外壳一点点地刮下来，开出一个大缺口。大功告成了，这些圣甲虫都毫无困难地获得了解放，几滴水就让它们得到了太阳下的欢乐。

荷尔阿波罗第二次说对了，不过，并不是像这个古老的作者说的那样，是母亲把粪球扔到水里，而是乌云实现了自由的沐浴，是雨水让最后的解脱成为可能。在自然状态下，事情应该会像这个实验那样发展。8月，烫人的地里，粪壳在薄薄的泥土的挡板下，像砖一样被焙烧，大多数都硬得像石头。圣甲虫不可能打破笼子出来，但是，如果来一场阵雨，这是圣甲虫的后代和植物种子在热得像炉灰一样的土中等待的新生洗礼，只要下一点雨，田野就会复苏。

雨水渗透泥土，好似实验时的湿毛巾渗湿粪壳，粪壳与湿土接触后，重新恢复了原来的柔软，保险箱软化了；圣甲虫就用足抓，用背推，它自由了。9月的头几场雨，预示秋天的来临，圣甲虫离开出生时的地洞，活跃在牧场草坪上，就像上一代在春天时活跃在这里一样。在这之前一直很吝啬的乌云，最终来解救了它。

泥土如果破例早一点凉爽下来，那么圣甲虫也会早一些破壳而出。但是在通常的情况下，夏天无情的骄阳把大地烤得灼人，圣甲虫虽然迫切地想来到阳光下，也不得不等秋雨把坚不可摧的硬壳变软。对它来说，来不来一场暴雨是事关生死的大问题。荷尔阿波罗重复了古埃及占星术士的话，准确地看到了圣甲虫诞生时水所发挥的作用。

把那古老的天书和真理片断扔开吧，别忽视了圣甲虫破壳而出之后最初的行为，我们还是去看看它在野外的早期生活吧。8月，当我听到囚徒在牢笼里无力地翻腾时，我打碎了这粪壳，把它单独放到饲养笼里，和侧裸蜥蜴相伴。笼里的食物又多又新鲜。我原以为，在这么长的禁食之后，应是吃东西恢复元气的时候。但是，它没有，尽管我在诱人的食物堆上邀请它，招呼它，但这个新生儿对食物不屑一顾。它首先需要的是享受阳光的快乐。它爬上金属网，沐浴在阳光下，一动不动地沉醉在阳光里。

第一次沐浴在灿烂的阳光里，食粪虫迟钝的脑袋在想些什么呢？也许什么都没有。它无意识地享受着像花朵在阳光下绽放般的快乐。

圣甲虫终于奔食物而来了。一个粪球加工好了，符合所有的规格。它不需要学习，第一次尝试，就做了一个球形，经过长期练习的圣甲虫做的粪球也并不会更规则。它挖了个洞，安安静静地享受刚才揉搓的面包，沉浸在自己的艺术当中。以后长久的实践经验并不会增加它的才能。

它的挖掘工具是前足和头盔。为了把清理出来的土块运到外面去，它和前辈一样，熟练地推起独轮车，把土块背在前额和前胸上，头低下去，钻到灰尘里前进，把背着的东西扔到离洞口几法寸远的地方。它像个挖土工人，不慌不忙地再回到地下去，用独轮车搬运。挖土工人的活还要干很长时间，清理饭厅的工程需要整整几个钟头。

最后，粪球储藏好了。房门关上了，完工了。有了可靠的小窝和面包，快乐万岁！幸福的生物！你从没看过那些你根本还不认识的同类工作，也从没学习过，但你就熟悉了你这一行的本领，为自己挣得了莫大的平静和食物，而这在一切人类生活中却是多么艰难啊！

第六章　宽背金龟和侧裸蜣螂

如果我把圣甲虫刚刚告诉我们的知识无限地推广，把很小的细节都加到同一系列的其他食粪虫身上，那我就错了。结构的相似并不等于本能的类似。工具相同，也许会有共同的资本；但在主要问题上还可能有很多差异变化，这是由连动物器官都不能影响的内在才干所决定的。

随着对昆虫学隐蔽角落的开发，研究这些差异，研究这些原因不为人知的特性，对观察者来说，差异本身就是最吸引人的研究部分。人们花费了时间和精力，有时还得发挥创造性，最后也仅仅是把一种虫子的活动弄清楚。既然只是这样，那个构造相近的邻居在做什么呢？它的习性与前者有多大程度的相同呢？它有没有属于自己的习惯、自己的烹调技术或前者不知道的手艺特点呢？这是很有意思的问题，因为内在心理的不同，比起鞘翅和触角的差别，更能显出两种生物之间不可逾越的区分特点。

在我们地区，金龟子属有圣甲虫、半刻金龟和宽背金龟。前两种是怕冷的虫子，不大会离开地中海，第三种就往北走得比较远。半刻金龟不会离开沿海地带，在利翁湾、塞特、帕拉瓦海湾的沙滩上很多。我以前欣赏过它滚粪球的壮举，它和它的同类圣甲虫一样热情。遗憾的是，尽管我们是老相识，但我没法关注它，我们隔得太远了。我还是把它托付给愿意在金龟子的传记中增加一章的人吧；不过，有一点差不多是肯定的，它

半刻金龟

也有值得书写的特长。那么，在我周围的小范围内，要把研究做完整，只剩下三种当中最小的宽背金龟。尽管宽背金龟在沃克吕兹其他地方分布很广，但在塞里昂周围却极其罕见。也正因为少见，我不能进行野外观察，唯　的方法是在笼里饲养偶然得到的几只研究对象。

宽背金龟

关在金属网罩里，宽背金龟不像圣甲虫那样欢快活泼，没有轻快地舞蹈。在打劫者和被打劫者之间也没有争斗；也不会单纯为了艺术而加工粪球，不会忘情地滚半天粪球，然后扔到垃圾堆里，什么用场也派不上。这两个滚粪球的工人，血管里流的不是一样的血。

这个有着宽宽的前胸的昆虫，性格安静一些，不大会浪费碰上的好东西。它小心地进攻天赐佳肴，绵羊是这些美味的主要提供者；它在一堆堆收集来的粪料中，选出最好的，裹到粪球里；它忙于自己的活，不去打扰别人，也没人来打扰它。宽背金龟用的是和圣甲虫一样的方法，球体是最容易搬运的，而且是在原地加工成形后才滚动的。它把粪料一抱抱地加到粪球上，用前足轻拍，揉搓，捏塑，磨平。在挪动位置前，它就得到了一个标准的圆形。有了一个要搬运的大粪球，滚球工人就带着战利品，去到要挖地洞的地方。跑这段行程，它也效仿圣甲虫，头在下，后足立起来，顶着滚动的机器，倒退地推着粪球。除了动作慢一点，两者没什么不同。等一等，它们生活习性中有个很大的差别，马上就把这两个昆虫区别开了。

我把一个正被搬运的粪球和它的主人抓起来，放在一个装满阴凉沙子的花盆里，用一块玻璃片盖上，这样既可以保持沙子的凉爽，让光线透进去，又能防止宽背金龟逃走。如果把它放到我的食客们共同开发的饲养笼里，我很可能会搞混；而隔离软禁就可以避免误会，我就不可能把一个人的成果归因于好几个人，隔离可以让我更好地追踪每一只昆虫的工作。

被关起来的母亲并不怎么为所受的束缚生气，不一会儿，它就开始掘沙，带着粪球消失在沙里。我给它一点时间安顿，进行打扫工作。

三四个星期过去了，昆虫没有再出现在沙面上，这证明它的母爱是多么耐心而持久。最后，我小心地一层一层挖空花盆，一个宽敞的大厅露了出来。这个洞里挖出的土方像鼹鼠丘一样堆在沙面上。这是秘密的房间，母亲的房间。它在这里守护着即将出生的子女，大概还要继续守下去，很久很久。

开始的粪球没有了，变成了两个小粪梨，完美优雅得令人赞叹；是两个，而不是根据已有的资料理所当然地认为的一个。我发现小梨的形状比圣甲虫的粪梨还要优美，还要纤细。它们小巧的体积也许是我偏爱的原因：最小的最美。两个小梨纵向长33毫米，鼓凸的肚子最宽处长24毫米。撇开这些数字，我得承认，这个矮胖的雕塑家，动作虽然迟钝笨拙，可是雕塑艺术却能与著名的同属昆虫相媲美，甚至有过之无不及。我原本以为它只是某个蹩脚的学徒，现在我却看见了一个手法熟练的艺术家。不能以貌取人，这个建议真对，甚至对昆虫也一样。

提早挖掘花盆，我知道了粪梨是怎样做成的。我看到的，有时是一个很圆的粪球和一个毫无原来粪球痕迹的小梨，有时只有一个粪梨，剩下的差不多像个半球，是从原来的粪球上剥下来的一块，单独地加工捏塑。我可以从这些现象中推断出来它的工作方法。

宽背金龟在地面一抱抱地从粪堆里收集粪料所加工的粪球，只不过是临时的作品，把它塑成圆形，唯一的目的是方便搬运。它也许干得很专心，但并不坚持，只要一路上战利品不散开，没有滚动障碍就行了。所以，球的表面没有彻底加工，没有细心地被压紧磨平。

但是，在地下，要给卵准备一个营养箱，则另当别论。宽背金龟用足紧紧箍着粪球，把它分成大致相等的两部分，一半立刻就开始加工，另一半搁在一旁，留待以后加工。它把半球先捏成一个弹丸，这是粪梨的大肚子。这一回，塑造必然分外精细，这关系到幼虫的将来，过于干燥的食物会让幼虫遇到死亡的危险。所以，宽背金龟一点接一点地敲打弹丸的表面，仔细地拍紧，按照规则的曲线把球磨平。这样做成的小球，有着几何学般的精确，即使有误差，也只差那么一点。不要忘了，这高难度的粪球是没有经过滚动就做成的，干净的表面就是证明。

剩下的活，我是根据圣甲虫的做法猜出来的。小粪球上挖了一个小口，变得像个肚子鼓鼓的、口不深的瓦罐。瓦罐的口拉长，形成一个袋子，里面装着卵。把袋口封上，把外面磨平，和球体完美地连接起来，小梨就完工了。然后，宽背金龟加工另外半个粪球，操作方法相同。

工程最明显的特点就是，优美、规则的形状并不是靠滚动得来的。我已经举出了这种原地加工的许多证据，而且，一次偶然的偶然，让我可以再加上一个更明显的证据。有一次，唯一的一次，我看到宽背金龟的两个小梨方向相反地摆放着，两个梨的大肚子紧密地连在一起。其中一个粪梨已经做好，没有告诉我们什么新的东西，但另一个却说明：由于我所不知道的原因，也许是地洞不够宽，宽背金龟把第二个梨连在第一个上，加工它的时候，与第一个梨粘在一起；很显然，有这么一个附着的东西，任何滚动、挪移都是行不通的；但是，粪梨的形状仍然那么完美、优雅。

从本能的观点看，这两种捏塑粪梨的艺术家，分属不能合而为一的两个种属，而区分它们的特征，在有了这些细节后，已是一目了然；而且，这比什么前胸、鞘翅之类的特征更具有决定性。在圣甲虫的地洞里，只有一个粪梨；而在宽背金龟的地洞里，有两个。我有时甚至怀疑如果收集的粪料更多，会不会有三个。关于这一点，西班牙粪蜣螂会更明白地告诉我们。圣甲虫这个滚粪球工在地下加工粪球时，并不再细分，粪球还是在采集工地上做成的那样子。宽背金龟则把粪球分成两等份，体积变小了，每一半加工成一个梨，粪球数量增加了一倍，有时甚至可能增加两倍。如果这两个食粪虫起源相同，我倒想知道，这深刻的家庭经济差别是怎么产生的。

1⅓

墨侧裸蜣螂

墨侧裸蜣螂在更小范围内重复圣甲虫的故事。如果怕单调而闭口不提墨侧裸蜣螂的故事，也许就少了一份资料，去证实真理的某些概况；真理总是一再重复出现的。所以我就说明一下，不过简略些。

侧裸蜣螂属，这名称是因为这类昆虫鞘翅边缘的缺口露出部分胸部。在法国，侧裸蜣螂属有两种：一种是墨侧裸蜣螂，鞘翅光滑，很常见，到处都有；另一种是鞭毛侧裸蜣螂，鞘翅下面有浅浅的小窝，好像是长痘子后留下的瘢痕，比较少见，它喜欢待在南方。我家附近的平原，尽是石块，绵羊在薰衣草和百里香之间吃着草，而那两种侧裸蜣螂就在此大量地繁殖。侧裸蜣螂的形状让人想起圣甲虫，不过它的体积小得多。

此外，它们和圣甲虫的习惯相同，收集食物地点相同，做窝的时间也相同，都是从5月、6月一直到7月。

由于从事的是相同的职业，侧裸蜣螂和圣甲虫，与其说是在外界的力量下拉到一起来做邻居，还不如说是喜欢聚到一块。它们挨门挨户地住在一起的情况并不少见，我还常常看见它们坐在同一堆食物旁就餐。阳光强烈的时候，粪堆旁有时有很多宾客，而侧裸蜣螂占绝对多数。

有人说这些昆虫是行动迅速的惯偷，成群地在田野里搜索，一发现丰富的猎物，就全体扑上去。尽管表面上看起来那么一大群，好像证实是这么一回事，但我很怀疑；我更乐意相信，这些侧裸蜣螂是由灵敏的嗅觉指引，从四面八方一个一个地跑来。我看到过一次这样的集会，侧裸蜣螂一个个都是从地面上各个地方跑来的，而不是成群寻找，然后停下来。不管那些了，这些蹿动的昆虫有时很多，甚至可以一把把地收集。

但是，它们不会给你多少时间收集。一旦知道有危险，大多数侧裸蜣螂就飞快地逃走；剩下的则蜷起身子，躲到粪堆下。一转眼工夫，喧嚣、骚动就消失殆尽，一切都重归平静。突如其来的恐慌，一瞬间就把热火朝天的工地变得空荡荡的。圣甲虫却没有这般恐慌，哪怕它劳动时被人突然撞见，被人仔细地甚至是肆无忌惮地观察，它都无动于衷地继续工作。害怕对它来说是陌生的。尽管生理构造相同，从事的职业也一样，可这个昆虫的心理特点却完全变了。

从另一个方面看，心理差别更明显。圣甲虫对滚粪球非常狂热。它最大的快乐，最大的乐趣，就是几小时几小时地把做好的粪球倒退着滚来滚去，或者说，在火一样的阳光下玩弄粪球。而侧裸蜣螂，尽管我也用滚粪球工来形容它，但它对滚球并不热情。如果不是想躲到隐居地安安静静地吃一顿，不是用它作幼虫的口粮，侧裸蜣螂才不会想去揉一个粪球，更不会起劲地滚动它，不会等玩够了剧烈的体操再把它扔下。

不管是在饲养笼里还是在野外，侧裸蜣螂都是就地享用美食。如果它中意某一堆粪堆，它就会一直留在那里。先做一个圆面包，然后运到地下某个藏身处去消费，这不大会是侧裸蜣螂的做法。据我观察，这个昆虫名字虽然得自粪球，但它的粪球却只是为了后代才滚动的。

母亲在工地上提炼出幼虫生长需要的粪料，然后就在采集工地上揉成粪球。接着，它像圣甲虫那样，头朝下，倒退着滚动粪球，最后把它储藏到地洞里，按照卵的生长要求加工成粪球摇篮。

当然，正滚动着的粪球绝没有包着卵。侧裸蜣螂不会在公路上产卵，而是在隐秘的地下，深两三法寸的洞里。洞不太深，但相对于要容纳的粪球比较宽敞，这足以运动自如的空间又一次证明，粪球是捏塑而成的。卵产好了，洞也挖空了，只有洞门口是满的，堆着没有放回原位的土方，那小鼹鼠丘就是证明。

我用随身的小铲子铲了几下，这个简陋的小城堡就露出来了。母亲通常都在场，忙着安排琐碎的家务，然后永远地离开这个家。小洞中央躺着它的成果，卵的摇篮，未来幼虫的食物。粪球的形状和大小就像麻雀蛋，不管是哪一种侧裸蜣螂的都一样，我把它们搞混也没什么麻烦，因为它们的习性和干的活很像。如果没碰上母亲在场，我就不可能指出刚挖出来的粪球是鞘翅光滑的侧裸蜣螂的成果，还是鞘翅上有小窝的侧裸蜣螂的杰作。最多是体积稍大一点的也许能证明是前者的，可这个特征却远远不值得信任。

有了卵的粪球的形状，两头不均衡，一头大而圆，另一头呈椭圆突起或伸长成梨颈，再次重复了我们已知道的结论。这样的形状不是滚动形成的，尽管滚动可以产生一个球。这一块粪料，有时是在采集工地上和搬运的过程中就已经差不多变圆，有时粪堆离洞很近，可以马上储藏，侧裸蜣螂就随意地把粪料放在那里，要得到含卵粪球的形状，母亲还要揉搓这一大块粪料。总之，一旦进了它的小窝，它就会像圣甲虫一样，干起造型艺术家的活来。

粪料非常适宜揉捏，借用绵羊提供的最具可塑性的物质，这块粪料可以像捏黏土一样自如地塑造成形，做成坚硬平滑而又精美的粪蛋。这个像梨一样的艺术品，光滑的曲线可以和鸟蛋媲美。

在粪蛋里，侧裸蜣螂的胚胎在哪里呢？如果从圣甲虫那里得来的推理是正确的，如果空气和温度也要求卵尽可能地靠近周围的热空气，还要被一层围墙保护着，那么，显然，卵应安放在粪球较小的一头，在一层薄薄的防护墙后面。

果然，它就在那里，在一个小巧的孵化室里，周围包着一圈空气垫，透过薄薄的隔墙和一个毛塞子可以很容易地换气。这种位置并不让我感到惊奇，我已经从圣甲虫那里知道，一开始就是这样料想的。这一回，我不再缺乏经验，用小刀尖直接刮去粪球尖尖的突起。卵出现了，原来模糊预料到但还怀疑的推理，得到了很好的证实。尽管条件不同，但一些主要事实却一再出现，推理最终变得确信无疑。

圣甲虫和侧裸蜣螂不是在一个学校里培养出来的雕塑家，它们的杰作轮廓各不相同。用的虽然是一样的材料，但圣甲虫制作的是粪梨，侧裸蜣螂则主要制作粪蛋。不过，尽管有这些分歧，但两者都符合卵和幼虫发育要求的基本条件。对幼虫而言，它在时机成熟之前需要未干的食物；把食物块做成圆形，面积最小，蒸发也变慢了，也就在尽可能的范围内满足了幼虫的条件。而卵则需要空气和泥土的温度很容易地渗进去，两者采用了两种方法，一种是捏塑梨颈，另一种则捏塑一头较小的粪蛋。

6月是产卵的季节，两种侧裸蜣螂的卵不到一个星期都能孵化出来，孵化时间平均是5～6天。只要看过金龟子的幼虫，就会知道这两种小滚粪球工的幼虫的基本特征。它们的幼虫都是胖胖的，弓成钩子，背着个驼背或褡裢，褡裢里装着一部分功能强大的消化器官。身子尾部被斜着截去，形成一个抹粪便的抹刀，这是和圣甲虫幼虫习性相似的标志。

确实，在此我需要重复的，是在大滚粪球工故事里已描绘过的特异现象。侧裸蜣螂的幼虫，排泄也相当快，随时都能准备水泥去修补受到破坏的小窝。为了观察巢穴里的情形，也想引诱它们表演粉刷匠的手艺，我在壳上开了缺口，它们马上就把缺口塞住了。它们把裂缝糊住，把碎片黏合起来，把散了架的小窝重新拼凑起来。临近蛹期，它们就把多出来的水泥粉成一层泥灰墙，把家里的墙壁加厚。

相同的危险导致了同样的保护措施，和圣甲虫的粪壳一样，侧裸蜣螂的粪壳也会有裂开的危险。空气自由进出引起的致命后果，就是会把应保持柔软的食物风干。但侧裸蜣螂幼虫的肠子总是满满的，比谁的肠子都听话，能让受到威胁的幼虫摆脱困境。对此，我用不着再多说，圣甲虫已经告诉我们够多的了。

侧裸蜣螂的幼虫期，根据笼中饲养的经验，是17～25天，蛹期是15～20天。这些数字当然是变动的，不过范围很小。所以我把两个阶段都近似地定为三个星期。

侧裸蜣螂的蛹期没什么特别的，值得一提的是成虫第一次露面时的奇怪穿着：头、胸、足都是铁红色，鞘翅和腹部都是白色，这便是侧裸蜣螂展示给我们的服装。我还要补充一点，8月的高温把它的蜗壳变成了保险箱，这个囚徒无法打开；要自由，得等9月的头几场雨来帮忙，把墙壁重新软化。

在一般情况下，本能的完美、清晰，令人叹为观止；但是，在异常条件下，本能的愚蠢、无知，却又让我们惊讶。每种昆虫都有它擅长的技巧，它一系列的行为都是逻辑连贯的，它是它那一行的大师。它那连自己也不明白的远见，超过了我们的科学；它那无意识的灵感，盖过了我们有意识的理智。然而一旦偏离正常的轨道，闯进那光明后的黑暗，在黑暗中，就没什么能把已熄灭的火光重新点燃，即使是世上最强的刺激物——母爱的刺激也不例外。

我已经举过很多关于这种奇怪的对立的例子，一些理论曾经在这种对立上搁浅。现在我在食粪虫身上又找到了一个例子，而且也很惊人。在这些做粪球、粪梨、粪蛋的食类虫的家里，我清楚地看到了它们的后代，并惊讶不已；然而另一种相反的惊讶还在等着我们呢：这个摇篮，刚刚还是关怀备至的对象，现在母亲对它却完全漠不关心。

我同时观察了圣甲虫和两种侧裸蜣螂。在要为幼虫准备舒适的小窝时，它们都表现出同样令人钦佩的热忱；而后，都突然同样对幼虫漠不关心。

在产卵前，或是卵已经产好了，但是母亲还没有按照自己小心谨慎的戒条去仔细地修饰时，我就在地洞里把这个母亲突然捉住，安置到装满土的花盆里，放在人造土的表面上，这样它的工作多少会快一些。

在这个迁居地，只要安静下来，母亲就不会有多久的犹豫。它一直都抱着它的宝贝，决心在迁居地挖个洞。洞挖了多少，它就把这个球拖进去多少。这是它的圣物，最要紧的是在任何时候，甚至是在挖掘不便时都不能松手。很快，它就在盆底开了个小室，它将在那里加工粪梨或粪蛋。

这时我来打扰它了。我把盆底朝上倒过来，一切都混乱了：地道进口和地道尽头的小屋没有了。我把这位母亲和它的粪球从废墟中拿出来，把盆重新装满土，又开始同样的实验。但只要几小时，雌虫就能够重新鼓起被灾难动摇的干劲。这是第二回，这个要产卵的母亲带着给幼虫的食物钻到了地下；也是第二回，等它安居好了以后，我把花盆倒过来，把一切都搅乱，然后再重新实验。它的母爱是如此执着，只要需要，它就会带着它的粪球挖掘，直到筋疲力尽。

两天之内，一连四次，我就这样看着同一只侧裸蜣螂母亲顶住我的骚扰，以令人感动的耐心，一再地开始建设被破坏的家园。我觉得再继续这种尝试不太好，让母爱经受这样的磨难，会让人心里不安的。再说，我相信，侧裸蜣螂迟早会因为筋疲力尽而拒绝进行新的挖掘。这种实验我做了很多，全都证实：把雌虫和它没完工的粪球从地下掏出来，母亲会以不知疲倦的热忱继续挖掘，把已具雏形但尚未产卵的摇篮放到安全的地方。对于一个还是圣物的粪球，母亲过分的不信任、猜疑和谨慎，以及远见，都让我惊讶。实验者设下的种种障碍和意外事故把一切都搅乱了，但没有什么能让它偏离目标，除非疲惫不堪。在它身上，有一种无法摧毁的执着。后代的未来需要将食物埋在地下，不管发生了什么，它都会把食物埋在地下。

现在我来看事情的另一面。卵产好了，地下的一切都安排好了，母亲从地下出来了。我在它出来的时候捡起它，挖出粪梨或粪蛋，然后把工人和工作成果并排放在刚才的地面上。如果母亲要小心地把粪球埋到土里，这就是时候，否则就永远没机会了。卵就在粪球里，一束阳光就会让薄薄的外壳下脆弱的东西失去生气。像这样暴露在伏天的高温里　刻钟，　切就都完了。在这么危险的情况下，母亲会做什么呢？

它什么也没干，它甚至好像根本就没发现这个东西的存在；可在昨夜，卵还没安放好的时候，这个东西对它还那么珍贵。产卵之前，它热忱得过分，产卵之后，则变得麻木不仁。产品完工了，就再也不关它的事了。它对待粪梨或粪蛋的样子，就像对待一块石头一样。它唯一操心的就是离开，我看见它在把它囚禁起来的围墙周围来来回回地走动。

这个昆虫的本能就是这样表现的：它顽强地把没生命的粪块埋起来，把有生命的扔在地面。对它而言，将做的工作就是一切，做好的工作就毫无意义。它只看见未来，不知道过去。

第七章 🪲 西班牙粪蜣螂的产卵

为了卵，昆虫的本能实现的，竟然是我们用理智的经验和研究会建议昆虫做的事情；这并不是微弱的哲学理解力所能阐明的结果。科学的严谨激起了我的不安，不是我一心要给科学一副可憎的面孔；我相信人们能讲出美好的事物，而不是只用讨厌的术语。简洁明白是玩弄笔杆的人最高明的手段，我尽量留意。那让我停下来的不安，属于另一个范畴。

我怀疑我是不是受到了假象的蒙蔽，我想："侧裸蜣螂和圣甲虫都是野外制作粪球的专家，那是它们的职业，但不知道是怎样学来的，也许是由生理构造强制决定的，特别是它们那长长的足中有几只微微地弯曲。如果它们在为卵筑巢储粮时，只不过是在地下继续发挥滚球艺术家的专长，那么又有什么值得惊讶的呢？"

撇开梨颈和粪蛋突出的一端不谈，这是解释起来更困难的细节，那么，还剩下最重要的食物团，昆虫在地洞外重复制作的球状食物团；这个食物团是圣甲虫在太阳下只玩弄而绝不作他用的小球，是侧裸蜣螂在草地上平和地搬动的小弹丸。

那么，在夏季高温下有效防止干燥的粪球是怎样做成的呢？从物理规则上来说，粪球以及粪球的近邻粪蛋，它们的特点是无可非议的；但是，这形状和要克服的困难只有偶然的联系。这两种昆虫，因为拥有在野外滚粪球的生理构造，所以在地下还是捏粪球。即使直到最后，幼虫嘴里还满意地吃着软软的食物，这对幼虫是再好不过的；然而，我们用不着为此赞美它的母性本能。

要成功地自己说服自己，我需要另一种仪表堂堂的食粪虫，其日常生活和滚粪球的艺术截然不同；但是当产卵的时候，习惯又猛然来个大转弯，把收集的鉴料塑成球状。我周围有这样的食粪虫吗？有。它是美丽和

西班牙粪蜣螂

肥胖程度都仅次于圣甲虫的昆虫，西班牙粪蜣螂。它的前胸削截成一个很陡的斜坡，角长得很奇怪，高高地竖在头上，极其引人注目。

它身子矮胖，缩起来又圆又厚，行动迟缓，确实与练体操的圣甲虫和侧裸蜣螂没有共同之处。它的足一点都不长，有一点小小的动静就折在肚子下装死，根本不能与滚粪球工那高跷般的足相比。只要看看这短短的不灵活的形状，人们就很容易猜测，它不喜欢带着滚动的粪球去做麻烦的长途跋涉。

确实，粪蜣螂性喜定居。夜间或黄昏，一旦找到食物，它就在粪堆下挖洞，小洞很粗糙，大小能容下一个苹果。粪堆好似小洞的屋顶，最起码也在它的门槛边；它把粪料一抱一抱地拖进洞；那体积巨大的食物块，没有任何确定形状地就陷进洞里，而这正是粪蜣螂贪吃的有力证明。只要宝藏还在，粪蜣螂就不会再出现在地面，而是沉浸在桌边的快乐之中。只有在把食品储藏柜消耗光了之后，它才会放弃这个蜗居。那时，它就在晚上重新开始寻觅、发现、挖掘一个新的临时落脚点。

有这种不用事先加工就能吞吃垃圾的本事，很显然，粪蜣螂目前完全不知道揉搓捏塑面包球的艺术。再说，它那短短的、笨笨的足看起来根本就与这种艺术无缘。

五六月或再晚些的时候，产卵的时间到了。粪蜣螂用肮脏的粪

料把自己肚子胀得鼓鼓的，精力充沛，可是要为后代办嫁妆可把它难住了。像圣甲虫和侧裸蜣螂一样，它这时也得把绵羊那软软的产品做成单独的一块面包。这块面包也和圣甲虫、侧裸蜣螂的育儿粪球一样营养丰富，它将面包就地整个埋到地下，外面什么残渣都没留下。为了节俭，它还把碎屑都收集起来。

我看到它没有移动，没有运输，也没做什么准备工作，那块糕点就在原地被抱到洞下去了。为了幼虫，粪蜣螂又重复它为自己做的事。地洞很宽敞，挖一大堆鼹鼠丘能说明它的存在。在20厘米深的地下，我觉得这个洞比起粪蜣螂在举行盛宴时住的临时小屋，要宽敞、完美得多。

不过，还是让这只昆虫自由地工作吧，靠偶然机缘得到的资料是不全面的、断断续续的，而且资料之间的关系也有疑问。笼中的饲养就可取得多，而且粪蜣螂也非常顺从。首先，我们还是来看看食物的储藏吧。

在黄昏的微光中，我看见它出现在洞门口，它从底下爬上来收集食物。它没花多少时间寻找，因为我在它家门口提供了很多食物，而且小心地更换。它胆子小，稍有动静就准备逃走；它慢慢地、机械地走到食物处，头盔拨、翻找，前爪拖，一抱很小的食物被拖出来，掉下来成了碎屑。粪蜣螂倒退地拖着它，消失在地下。两分钟后，它又来了。它总是很谨慎，在跨出门槛之前，先用展开的触角查看周围环境。

我刻意把它和粪堆隔开两三法寸，于它而言，要冒险走到那里，是个严肃的问题。它本来喜欢食物就在洞门上方，就在它家的屋顶上，这样可以避免爬出地面，因为出来会引起不安。可我想的却是另外一回事，为了观察方便，我把所有的食物都挪到一边去。

慢慢地，这个胆小鬼放下心来，习惯了露天，习惯了我的出现；再说，我总是尽量小心谨慎。因此，它又不停地一再抱住食物往洞里拖。这些食物总是一些没有形状的碎块、碎屑，就像是用小镊子夹下来的。

关于储藏方法我知道得够多了，我让它自由地工作，它一直忙了大半夜，天亮时，地面什么都没有了，粪蜣螂不再出来了。只要一个晚上，它就把宝藏堆积起来了。我们再等一等，给它一些闲暇去随心所欲地整理收集的粪料。在这个礼拜结束前，我再去笼子里挖掘，翻开储藏食物的地洞。

就像在田野里一样，地洞是个宽敞的大厅，屋顶不平，很低，但地板差不多是平的。在房间一个角落里有一个敞开的圆口，像瓶口似的。这是进出的门，连着一条倾斜的地道通向地面。这个在新鲜泥土里挖的洞，四壁都细心地压紧了，很结实，不会在我挖掘引起的震动下坍塌。看，为了未来，这只粪蜣螂施展了所有的挖掘才能，费尽了全部力气，建造了一个坚固耐用的建筑。如果说那个临时小屋只是在大吃大喝时匆匆忙忙挖的小洞，既不规则，也不怎么牢固，那么，这个屋子就是一个大得多、建筑考究得多的地下室。

我不知道雌雄粪蜣螂是不是都参加建设这杰出的工程，反正我常常看见一对粪蜣螂在即将产卵的洞穴里。也许，这宽敞、豪华的房间就是举行婚礼的大厅；新郎协助建造宽大的屋顶，勇敢地表达了自己的爱情，而婚礼就在宽大的天花板下完成。我还怀疑雄粪蜣螂是不是也帮配偶收集、储藏食物。它这么强壮，如果它也一抱抱地收集食物，把食物运到地下室去，两个人通力合作，那么这个细致的工作就会进展得快一些。一旦小屋食物充足了，它就悄悄地引退，回到地面，到别处去安居，让雌粪蜣螂继续进行温情的活。它在这个家的作用也就结束了。

我看到那么多小颗粒的食物运到小城堡里，现在我发现了什么？一大堆乱七八糟、散开的颗粒吗？根本不是，我发现的总是一整块粪料、一个巨大的圆面包，把屋子撑满了，周围只剩下一条窄窄的过道，勉强够雌粪蜣螂打个转身。

这么大的一块粪料，是真正的大蛋糕；不过它没有固定的形状。我碰到过鸡蛋形，形状和体积像火鸡蛋；我也发现过扁扁的椭圆形，像普通的洋葱；我还看到大致像个球样的形状，让人想起荷兰奶酪；我还看到过朝上的一面圆圆的，稍微鼓起，像普罗旺斯的乡村面包，或者更像复活节庆祝用的蒙古包样的烤饼。不管是哪种形状，表面都很光滑，曲线都很均匀。这下，人们不会搞错了：雌粪蜣螂是把先后运进来的、无数的食物碎屑集拢，揉搓成单独的一块；它搅拌，混合，压紧，把所有的颗粒变成一块均匀的食物。有很多次，我都撞到女面包师站在那个巨大的面包上。在这个大面包前，圣甲虫的粪球就太微不足道了。在这个偶尔会有一分米宽的凸面上，它散着步，轻轻拍打实心块，把它变结实，变均匀。这种稀奇的场面，我只能瞄一眼。女面包师一发现我，就会顺着弯曲的斜坡滑下去，缩在面包下面。

要进一步观察，研究内部细节，必须用点手段。不过，我不会有什么困难，也许是因为经常与圣甲虫打交道，我在研究方法上更灵巧了；也许是粪蜣螂没那么谨慎，比较能忍受囚禁斗室的不便。总之，我可以毫无困难、随心所欲地观察筑巢的整个过程。我用了两种方法，每一种都能告诉我一些特点。

雌粪蜣螂在饲养笼里制作了大块的糕点，我就把糕点连同雌粪蜣螂从地下搬出来，放到屋里去。容器有两种，想有光还是没光，随我而定。如果需要有光线，我就用广口玻璃瓶，直径和它们挖的地洞差不多大，也就是10厘米左右。每个瓶底有层薄薄的新鲜沙子，薄得让粪蜣螂不能钻进去，避免它和滑溜溜的玻璃接触，让它产生错觉，以为那是一块和刚离开的地方一样的土地。我就把雌粪蜣螂和它的大面包放到这层沙上。

不用说，即使是在非常柔和的光线下，粪蜣螂也会受到惊吓，什么都不干。它需要完全的黑暗，而我只要用纸套罩住瓶子，就可以做到。只要小心地把套子抬起一点，我就能在任何时候，借着屋里的微弱光线，出其不意地偷看正在工作的囚犯，有时甚至能观察一段时间。这个方法，比起当初我想看圣甲虫怎样捏塑粪梨简单多了。性格比较温厚的粪蜣螂很适合这种简化的方法，而如果换了圣甲虫，就肯定不会成功。我在实验室的大桌子上放了十来个这种可以时明时暗的装置。谁要看到了，没准会错以为盖在灰纸袋下的，是一系列殖民地风格的食品拼盘呢。

如果用的是不透光的容器，我就用花盆装满新鲜沙子，夯紧，把花盆下部布置成一个小窝，用纸板做小窝屋顶，挡住上面的沙子。雌粪蜣螂和它的糕点占据下面的部分，或者我只需要把雌粪蜣螂和食品放在沙子表面，它会自己挖个洞，把食物藏进去，做成小窝，就像平常一样。不管哪种情况，我都必须用一块玻璃当盖子，挡住这些俘虏。我要靠这些不透光的装置来了解一个复杂的问题，我以后会阐明这个问题。

那么，这些用不透光的套子罩起来的玻璃瓶，会告诉我们什么呢？很多事情，非常有趣。尽管形状多变，但大圆面包的圆曲线不会是由滚动得来的。仔细观察天然洞穴，可以确信，像这样的实心块不可能在屋子里滚动，它几乎占据了屋里全部的空间。再说，粪蜣螂不可能有这么大的力气去撼动那样大的包袱。

不时地查看玻璃瓶，我就会看到玻璃瓶向我重复着同样的结论。我看到雌粪蜣螂趴在食物块上，这里摸摸，那里摸摸，轻轻拍打，把突出的地方抹平，修整得更完美；我从来没撞见过它想把那一大块东西翻转过来的样子。因此，滚动完全可以排除在圆面包形成的原因之外。

这个面包师的勤奋与耐心，让我怀疑起我以前没想到过的一个制作细节。为什么要对食物进行这么多修补，为什么在利用它之前要有这么长时间的等待？真的，粪蜣螂一直在压、在打磨，使面包变得光滑，在决定利用的时候，已经过了一个多星期。

我们的面包师把面团揉好以后，就把面团拢到一堆，放到和面槽里。面包发酵的温度，在体积大的食物内部能酝酿得更好，粪蜣螂也知道做面包的秘诀，它把收集的食物全部堆成一团，细心地揉成一个面团，给它一些时间通过内部作用来发酵，让面团滋味更好，也让面团有一个便于以后加工的硬度。只要化学变化还没完成，面包店的小伙计和粪蜣螂都会等待。对粪蜣螂而言，内部发酵时间比较长，至少一个星期。

发酵完成了，面包店的小伙计把一大块面团再细分成小面团，再把每个小面团做成一个面包。粪蜣螂也是这样干的，它用头盔上的大刀和前足上的锯齿切出圆形槽口，从那一大块面团里锯下一块，这切下的一块具有规则的形状。切菜刀的动作毫不犹豫，没有再增加或再切的修修补补，一下子干脆地切开，就得到了大小符合要求的面团。

现在粪蜣螂开始加工小面团。它用短短的足尽量抱住面团。它短短的足看起来不怎么适应这种工作，只能用压的方法来把面团弄圆。它认真地在这个还没定型的面团上移动，爬上爬下，上下左右地转动。它有条不紊地按压，这儿多压点，那儿少压点；它始终耐心地按压，在24小时之后，凹凸不平的面团，就变成了李子大小的完美球状。在拥挤的、难以走动的工地一角，矮胖的艺术家一次也没把面团推离过它的基地，就完成了它的作品。它花了那么长的时间，在那样持久的耐心下，终于做成了一个几何般准确的球形，而这球形本应是它那笨拙的工具和狭窄的活动空间没法做到的。

它还要花很长时间来完善，慢慢地磨平粪球。它轻轻用足抹来抹去，直到最小的突起也消失。看起来似乎细微的雕琢永远也不会结束，不过，到第二天傍晚，这个球就被认为可以了。雌粪蜣螂爬上建筑物顶，用力按压，压出一个不深的火山口似的坑。卵就产在这个像盆子似的坑里。

然后，它用极其粗糙的工具，以极端的谨慎和惊人的细致，把火山口的边缘拉拢，在卵上方形成一个拱顶。雌粪蜣螂慢慢地转动，把材料一点点地耙拢，往高处拉，封住开口。这是所有程序之中最棘手的工作，压力没掌握好，没算准，都可能危及薄薄屋顶下的胚胎。封顶的工作不时地停下来。雌粪蜣螂低着头，一动不动，好像在聆听，了解小球里面发生了什么事。

看起来一切都好，于是这个耐心的工人又重新开始，从边侧一点点耙到屋顶，屋顶慢慢变尖、变长，原来的球形粪面包就变成了上端小小的鸡蛋形。或多或少突起的一端里有卵的孵化室，这细致的工作要花24小时。加工粪球，在粪球上挖个小盆，在盆里产卵，再把卵封在盆里，把圆粪球变成鸡蛋形粪球，这段时间，时针总共走了四圈，有时还要更久的时间。

现在，粪蜣螂又回到已被切了一块的大圆面包旁。它又切下一小块，用同样的动作，把这一小块变成一个鸡蛋形粪球，在粪球里产下一枚卵。多出来的大面包可以做第三个，甚至常常还能做第四个小粪蛋。如果雌粪蜣螂只是利用堆积在地洞里的粪料产卵，我还没看见过粪蛋的数量超过这个数目。

卵产好了，现在母亲待在它的小窝里，小窝差不多给三四个摇篮撑满了，它们一个挨着一个竖立，尖的一端朝上。雌粪蜣螂现在要干什么呢？也许是离开，这么久没吃东西，该到外面去恢复一点体力了。谁要是这么想谁就弄错了，它仍然待在那里。自从它到地下去以后，它什么都没有吃，那个大圆面包连碰也没碰一下，因为那是要平分给后代的食物。说到给后代的财产，粪蜣螂的母爱真是令人感动：为了不让后代缺粮，这个具有奉献精神的虫子宁可自己挨饿。

它挨饿还有第二个动机：在摇篮边守卫。从6月末起，地洞就很难找到了，因为暴雨、飓风，还有行人的脚踩来踩去，洞都消失了。在我能看到的几个地洞里，母亲总是在场，在一堆粪蛋旁昏昏欲睡；每个粪蛋里，一条快发育成熟的胖幼虫正在大吃大喝。

我的那些不透光的装置，那些装满了新鲜沙子的花盆，证实了我从田野里了解到的情况。我把雌粪蜣螂和食物在5月上旬埋到沙子里，以后它们就没有再出现在玻璃盖下的沙面上。它们产完卵之后，就过着与世隔绝的生活，和那些粪蛋一起度过了沉闷的夏天；毋庸置疑，它们是在守护着粪蛋，正如揭穿了地下秘密的玻璃瓶告诉我们的一样。

它们重新爬到外面来时，秋天的头几场雨已经下过。不过，这时，新的一代已经长大成虫了。母亲在地下高兴地认识了它的后代，这在昆虫中是很少见的特权。它听着儿女们刮削粪壳的声音，它看着它们打破那个自己认真加工的保险箱。如果晚上的凉爽还不够软化那些囚室，没准它会去帮助筋疲力尽的孩子们呢。母亲和它的子女一起离开地下，一块加入秋天的节庆；那时，太阳温和，绵羊所赐的美食在路上随处可见。

花盆里的饲养还告诉了我另一件事。一开始，我就分别在几个花盆的沙面上，放上从地下搬出来的成对的粪蜣螂，慷慨地给它们提供食物。每一对都钻到地下去了，在地下安家，积累钱财；十多天以后，雄粪蜣螂又出现在玻璃片下的沙面上，而另一只却没有动静。卵产好了，营养球捏好了，慢慢变圆，在盆底堆积起来；为了不打搅母亲的工作，父亲就从母亲的闺房里走出来。它爬到外面，想另外找个栖居之所。但是，它没有在狭窄的花盆里找到落脚点，就待在沙面上，勉强躲在一点点沙子下，或是藏在食物碎屑下。尽管它喜欢待在很深的地下，喜欢凉爽和黑暗，但它还是执拗地待在露天里，在干旱中，在光亮之中驻守了三个月；它拒绝藏到下面去，害怕打搅下面正在进行的神圣事业。它这么尊敬母亲的闺房，真得给它一个好评价。

我再回去看那些玻璃瓶，它们在我眼前一再复复了被泥土遮住的事实。三四个有卵的粪蛋，一个靠着一个排列着，差不多把围起来的大厅全占用了，只剩下窄窄的走道。开始的圆面包，几乎什么都没剩，只有点碎屑，而且母亲只在有食欲的时候才会享用。不过对母亲来说，食欲不是很重要的事，它首先操心的是它的粪蛋。

它不断地从一个粪蛋走到另一个粪蛋，摸一摸，听一听，在我的眼光挑不出任何瑕疵的地方修修补补。它那长着齿的足尽管粗糙，但在黑暗中却比我的视网膜在白天还要敏锐，能够发现新出现的裂缝和混在其中的缺陷。最好是把这些消灭，防止空气进入使食物变干燥。这个小心谨慎的母亲在成堆的粪蛋的缝隙之间钻来钻去，监视着它的一窝孩子；哪怕是一点点事故，它都要处理好。如果我打扰了它，它就会用鞘翅边缘去摩擦腹部末端，不时发出轻微的响声，就像一声声呻吟。雌粪蜣螂在成堆的粪球旁，时而细心地看护，时而昏昏欲睡，就这样度过了后代发育需要的三个月时间。

这么长的看护期，我觉得我知道其中的原因。滚粪球的圣甲虫和侧裸蜣螂，在地洞里只有一个小梨或粪蛋。粪块有时是从很远的地方搬运过来的，粪块的大小必然受到它们力气的限制；这些食物，对一只幼虫来说是够了，但对两只而言却远不够。宽背金龟是个例外，它给后代吃的东西虽不多，但它知道把滚动来的战利品分成很小的两份。

其他两种金龟子必须为每枚卵专门挖个洞。当新家里的一切都整理得井井有条后，它们就抛弃这个家不管，到别处去，碰到好的机缘又重新开始滚粪球、挖洞、产卵。有流浪的天性，它们就不可能长时间地去守护家园。

圣甲虫是深受流浪之苦的。它的粪梨，一开始非常规则，但是很快就起裂缝，布满了要脱落的鳞片，鼓胀了起来。各种隐花植物都来侵犯粪梨，破坏它；粪梨膨胀起来，变形或裂开。幼虫是怎样对付这种灾难的，我们已经知道。

粪蜣螂的习俗并不一样。它不会远距离地滚动要储备的食物，而是一小块一小块地就地储藏，而且就在一个地洞里堆积足够所有的幼虫吃的食物。母亲没必要再出门，就待在家里，监护一窝孩子。在母亲长期警惕的保护下，粪蛋一点也不会起裂缝，因为，只要一出现裂缝，马上就会被堵塞；粪蛋上也不会满是寄生植物，一块地如果一直有犁耙在耕耙，那么地里什么杂草都不会长。我亲眼看到的十多个粪蛋都证明，母亲的警觉是多么有效：没有一个粪蛋有裂缝或裂开，也没有一个被细小的真菌侵入；真是没有比这更完美的外表了。但是，如果我把这些粪蛋从它们的母亲那里拿走，放到瓶子里、白铁盒里，它们就会和圣甲虫的小渠命运相同：没有母亲的守护，轻重不一的伤害就会降临。

关于这一点，我可以通过两个例子弄清楚。我从一个雌粪蜣螂的三个粪蛋中拿走两个，放到白铁盒里，不让它们变干燥。一个星期还没过完，它们就被一株隐花植物覆盖了。隐花植物在这块肥沃的土地上到处蔓延；那些低等真菌也夹杂其间，感到非常惬意。现在这两个粪蛋变成了结晶的胚芽，鼓得像个纺锤，还长满了短短的绒毛，挂着露水；最后变成了小小的、圆圆的人头状，黑得像块炭。我没时间查资料，也没用显微镜观察，无法确定这些微小的植物到底是什么；它们还是第一次吸引我的目光。不过这点植物学知识没什么要紧，我只要知道原来暗绿的粪蛋不见了，粪蛋上紧贴了一层结晶状的白草皮，还夹杂着一些黑点。

然后，我又把这两个粪蛋放到还在守着另一个粪蛋的雌粪蜣螂身边，重新盖上不透光的罩子，让粪蜣螂安安静静地待在黑暗里。一个小时过后，我再去看它。寄生植物已经全部消失，连最后一条细枝都被割掉，连根拔除了。刚刚还那么厚的植被，现在就算用放大镜来看，也找不到一点影子。雌粪蜣螂那犁耙一样的足经过哪里，粪蛋的表面就又恢复了良好卫生环境所必需的干净。

我又做了一个更重要的实验。我用小刀尖把粪蛋朝上的一头捅开，露出卵。人工缺口与自然情况下出现的差不多，不过更大一些。我把被破坏的摇篮还给雌粪蜣螂，如果它不干预，摇篮里的宝宝就会死于非命。一旦四周黑了下来，它马上就行动起来。它把刀子弄下来的碎屑拢到一堆，黏合起来。缺的一点材料，它就用从粪球侧边刮来的碎屑补上。一会儿工夫，那个缺口就补好了，看不出被我捅过的任何迹象。

我又来一次，而且把危险加大了。四个粪蛋都遭到了小刀的攻击，孵化室给钻破了，裂开的屋顶下，卵只有一个不完整的避难所。面对如此的灾难，粪蜣螂母亲的兢兢业业令人惊叹。在很短的时间内，一切又都恢复了正常。啊，我相信，有这个即使睡觉也睁着一只眼的看护人，那常常使圣甲虫的粪梨变形的裂缝、隆起，就不可能出现了！

四个粪蛋，是粪蜣螂在结婚时用地洞里的圆面包所做成的粪蛋总数。这是不是说，产卵的数量就限制在这个数呢？我想是的，我甚至觉得一般情况下还要少一些，三个、两个，甚至只有一个。我把那些食客孤立地放在装满沙子的花盆里，一旦它们储藏了必需的食物开始筑巢，它们就再也没有出现在外面，不会再到外边来收集我已经换过的食物，只是看守着容器底的粪蛋，所以粪蛋的个数不可能增加，总是有限制的。

如果有宽敞的地方，也许产卵的限制就小一些。三四个粪蛋就把地洞挤满了，再没有空余的地方安置其他粪蛋；而雌粪蜣螂出于喜好和义务，都得待在家中，也必须待在家中，不会想到去另外挖一个住所。不错，如果房子更宽些，就会减少一些空间障碍；但是，屋顶跨度太宽，会有塌方的危险。如果我来动手，给它造一个不会摇摇欲坠的大房子，那么，卵是不是会增加呢？

是的，差不多增加了一倍。我的人造房屋很简单，是一个铺了沙的玻璃瓶。开始的大面包已经一点不剩了，我把瓶子里才完工的三四个粪蛋从雌粪蜣螂身边拿走，又用裁纸刀的刀尖揉搓了另一个大面包，我这个新型面包师大致重复了粪蜣螂一开始干的那些活。读者们，不要笑话我的面包店，那里充满着纯净的科学气息。

我的圆面包很受粪蜣螂的欢迎，它重新开始揉面包，产卵，以二个完美的粪蛋来答谢我。我多次实验得到的最多数目是七个，而原来的大圆面包还留了一大块。粪蜣螂不再利用它，至少不用它来给后代做窝，而是将它留给自己。它的卵巢看起来空了。这下我可以确定：挖的地洞很宽敞，雌粪蜣螂就用我做的圆面包多产了差不多一倍的卵。

在自然条件下，不可能有类似的情况发生。没有谁好心地用小刀把粪料刮成个面包放到粪蜣螂的洞里。一切都证明，这只深居简出的昆虫，它打定主意不到凉爽的秋天不出门，生殖力非常有限，它的后代有三个，最多四个。我还挖出过只造了一只粪蛋的粪蜣螂呢，那时虽然还是盛夏，但产卵期已经结束很久了，它正守护着它唯一的宝宝呢。也许它的食物不够再有一个后代，所以只好把做母亲的快乐降低到最低限度。

我用裁纸刀做的那些面包很容易就被它们接受了，那么，我就据此再做几个实验。我不再做那么大的圆面包，太浪费粪料；我揉了一个粪蛋，形状和大小都模仿它照看着的那几个已经有了卵的粪蛋。我的模仿很成功，如果把人工的和天然的混在一起，之后我也分辨不出来。我把这个没有卵的粪蛋放到瓶子里，挨着别的有卵的粪蛋。受到骚扰的昆虫马上缩到洞里的一个小角落，藏到一点点沙子下面。我让它安静了两天。

然后，我惊奇地发现，那只雌粪蜣螂正趴在我做的那个粪蛋上，把蛋的尖顶挖了一块下来。下午，它在那里产好卵，那挖下来的一片也封上了。我只能从位置上看出我做的粪蛋和粪蜣螂自己的产品的区别。我将我的粪蛋放在那一堆胚胎的最右边,我第二次去看的时候,它还是放在最右边,粪蜣螂正在加工它。它怎么能看出,这个和其他粪蛋一模一样的粪蛋里面没有卵呢?它怎么敢毫不犹豫地在那个小尖顶上挖个洞呢?从外表看来,没准这个尖顶下有只卵呢?已经完工的卵蛋是不准再挖开的呀!是什么迹象告诉它,可以在这个很糊弄人的人工仿制品上挖洞的呢?

我试了一次又一次,结果都一样:雌粪蜣螂没有把我的作品和它自己的混在一起,而且还利用我做的粪蛋,在里面产了一枚卵。只有一次,可能是饿了,我看见它在吃我做的粪蛋。这个实验再次证明,它能清楚地区分有没有卵在粪球里。是什么奇迹,让它饿的时候不去咬那些有卵的粪蛋,而是进攻那些外表一模一样,但里面什么都没有的粪蛋呢?

难道是我的粪蛋做得不好?裁纸刀的木刀柄没把粪蛋压紧,表面不够硬?还是粪料出了问题,发酵程度不够?做糕点的问题太复杂,超出了我的能力范围,还是向做面包的大师求助吧。我向圣甲虫借了一个它在笼子里开始滚动的粪蛋,我挑了一个小一点的,和粪蜣螂要用的一样大。没错,这个粪球是圆的;粪蜣螂的粪球也经常是圆的,甚至产了卵以后都常常是圆的。

好了,圣甲虫的面包,质量是无可挑剔的,这可是面包王揉的面包,但命运和我做的面包一样。粪蜣螂有时在里面产了一枚卵,有时把它吃了,可粪蜣螂自己揉的面包却从来没有发生过这种意外的事故。

雌粪蜣螂能在混淆中摸清情况,捅开没有生命的粪蛋,而不去碰已经有了小宝宝的粪蛋。区分能与不能,这种现象在我看来,如果它只依靠与我们的感官类似的器官指引,是不可能解释得通的。

用它的视觉作为理由是不可能的，它是在完全的黑暗中工作的。即使它是在大白天里活动，难度也不会减小。当两者混在一起时，它们的形状和外表都是一样的，即使是我们最敏锐的眼睛也可能弄错。

嗅觉也不可能指引它，两种粪球的材料都没变，都是绵羊的粪便。也不可能是触觉在起作用，触角套着一层角质层，触摸的能力会好到哪里呢？非得分外敏感才行。再说，就算承认它的足特别是跗节，还有唇须、触角，或者你设想的任何地方，有某种天分，能分出软和硬、粗糙和光滑、圆和不圆，但是圣甲虫的粪球又会大声警告我们，这种理由站不住脚。无论是揉捏的材料和程度，还是粪球表面的硬度和形状，圣甲虫的粪球都和粪蜣螂的完全相同；但是，粪蜣螂却不会搞错。

把味觉牵到这个问题里来，也是没有任何意义的。那么，剩下的就只有听觉了。如果时间再晚一点，我还不敢说这个理由不对，因为晚一点，幼虫孵出来了，专心致志的母亲可以认真地听出幼虫咬墙壁的声音；但是，现在粪蛋里只有一枚卵，窝里所有的卵都是静悄悄的。那么，雌粪蜣螂还有哪种本事呢？我不会说它的本事是为了挫败我的阴谋诡计，这个问题比较高深，昆虫是不会因为想公开躲避实验者的手段，而具有什么专门才能的。我想，雌粪蜣螂还有哪种本事，能避开它平常劳动中所出现的困难呢？我们不要忘了，它一开始捏出的是个球形，这个圆圆的球，不管是在形状方面，还是大小方面，都和已经有了卵的粪蛋没有差别。

没有一个地方是安全的，即使是在地下；如果母亲受到过分惊吓，混乱之中从粪蛋上掉了下来，跑到别的地方去避难，过后怎么找到它的粪蛋呢？如果要在粪蛋顶向下压出一个小口，它怎么把这个粪蛋和别的区分开来，避开压死一枚卵的风险呢？这时，它必须有一种可靠的指示。是什么呢？我不知道。

我以前已经说过很多次，现在又重复一遍：昆虫的感官极其灵敏，和它们从事的行业相当一致；这种感官能力我们甚至不可能猜到，因为我们身上没有和它相似的地方。天生失明的小孩是不会有颜色的概念的。我们在面对笼罩着我们的深不可测的未知时，就是生而失明的儿童，会有成千上万个问题出现，却不可能有答案。

第八章 西班牙粪蜣螂的母爱

在西班牙粪蜣螂的故事中，有两点特别要记住：对后代的养育和做粪球的艺术才能。

尽管卵巢的生殖力很有限，但是这个种族和那些产卵多的昆虫一样兴旺，因为母爱可以弥补卵巢的贫乏。那些繁殖得多的昆虫，在简单地安排了一下之后，就把孩子丢给好坏莫测的机缘；它们的后代常常死了一千个，只活下来一个；它们是为生命盛宴提供有机物的工厂。它们的子女，绝大部分一出生，甚至还没出生，就被吞噬了。为了整体的生存，死亡把那些多余的打倒了。那些注定要活下来的活着，不过是以另一种形态。这些生育没有节制的昆虫，不知道也不可能知道什么是母爱。

粪蜣螂的习性与之完全不同，三四枚卵就是它的全部孩子。怎样才能更好地预防无情的事故呢？对粪蜣螂少之又少的卵和其他昆虫成群的卵而言，生存就是残酷的斗争。雌粪蜣螂知道这一点，为了保护它的子女，它牺牲了自我，放弃了外面的乐趣，夜里也不出来舒展身体，不去挖掘新的粪堆，尽管挖掘粪堆对食粪虫来说，是一种痛快至极的活动。它躲在地下，待在一群孩子中间，不再离开保育室。它时刻监视着，扫去寄生植物，糊上裂缝，把所有可能意外出现的破坏者赶走，比如粉螨、小的隐翅虫、双翅目昆虫的幼虫、蜉金龟、嚙蜣螂。到了9月，它才和孩子们重新爬到地面上来。这时，它的子女已不再需要它，它们获得了自由，可以随心所欲地生活了。即使是鸟类也没有比雌粪蜣螂更无私的母爱。

第二点，根据我们所能探知的真理，这个产卵时做粪蛋的专家，给我们证明了那个曾引起我不安的定理。粪蜣螂没有捏粪蛋的工具，再说加工粪蛋这种技巧对它自己的幸福并没有好处。它身上没有任何天赋和爱好，能把原样埋下去的食物揉搓成蛋，它完全不知道蛋形，不懂用蛋来储藏新鲜食物；但是，突然，一种平常生活中没有任何预示的灵感，突然让雌粪蜣螂把留给幼虫的食物捏塑成蛋形。

粪蜣螂用短短的不灵活的足，把给子女们的食物加工得精巧结实，可想而知困难是比较大的，但是专心和耐心能够克服困难。两天之内，最多三天，圆圆的摇篮就完工了。这个矮胖子，怎么解决完全对称的问题呢？圣甲虫长长的足能像圆规的支脚一样缠着它的工艺品；侧裸蜣螂也一样。但是，粪蜣螂的足没有缠抱所必需的长度，在它的装备里看不出有容易加工蛋形的本事。它立在粪蛋上，一点一点地加工，以恒心来弥补工具的缺陷；它不懈地从粪蛋这一头检查到那一头，以此来判断蛋的曲线是不是端正。坚持不懈终于让它完成了看起来笨拙的它不可能办到的事。

于是，所有人心中都会产生这样一个问题：为什么昆虫的习性中有这样突然的转变？为什么它要如此不知疲倦地从事一项和自己的组织器官不相称的工作？蛋形有什么好处，要花这么多的时间去完善它？

对这些疑问，我只看到了一个可能的答案：要让食物保持新鲜，就必须把它堆成蛋状。我们再回想一下，粪蜣螂是在6月筑巢的，整个盛夏，它的幼虫就在离地面几法寸深的地方生长发育。那么，在热得像蒸笼一样的洞里，如果母亲不把食物做成最不易蒸发的形状，食物很快就会变得不能食用。尽管粪蜣螂的习性、结构和圣甲虫的都大不相同，但它们的幼虫可能遇到的危险是一样的。为了避开危险，粪蜣螂采纳了大滚球工的法则，我曾经强调过这个法则的高度智慧。

　　毫无疑问，在别的气候条件下，还有很多可以和这五个会做圆罐头的昆虫①相匹敌的昆虫②；我就把它们一起交给哲学家去思考吧，让他们去研究这些昆虫，是它们发明了体积最大而面积最小的罐头，来保存容易干燥的食物。我还要问一问这些哲学家，那么富有逻辑的灵感，那样理智的预测，怎么能从这些昆虫晦暗的智慧里诞生出来呢？

　　我们还是立足于平凡的事实吧。粪蜣螂的粪团呈蛋形，轮廓有时很明显，有时不明显，有时和球形差不多。比起侧裸蜣螂的作品，稍微难看一点：侧裸蜣螂的粪团很像一只梨，起码也让人想起鸟蛋，尤其是麻雀蛋，因为它们的大小差不多。而粪蜣螂的粪蛋更像猫头鹰、枭、鸱枭这类夜间猛禽下的蛋，尖的一头稍稍突起。

　　粪蜣螂的粪蛋平均长40毫米，宽34毫米。整个外表都夯过，压得紧紧的，变成一层硬壳，只有一点土沾在上面。尖的那一头，如果仔细观察，就会发现一圈红晕，疏散地插着短短的纤维。雌粪蜣螂把卵产在粪蛋上挖出来的小窝里，然后慢慢地把小窝的边缘捏

---

① 　指圣甲虫、宽背金龟、两种侧裸蜣螂和西班牙粪蜣螂。——译注
② 　这些话，我很早就写下来了，那时我刚收到从阿根廷共和国寄来的研究潘帕斯草原上一种美丽的食粪虫亮丽亮蜣螂的书。这笔财富，归功于布宜诺斯艾利斯萨尔中学的朱迪里安修士。这个基督教学校热情的昆虫学家寄来的书证实了我的猜想，让我欣喜若狂。另一个大陆的食粪虫真是活生生的宝贝，它们也懂得用体积最大面积最小的形状来保护食物，不让食物过早干燥。它个头不大，粪团和粪蜣螂的一样：蛋形，和球形差别不大。它也很清楚通风的重要性，在粪蛋上端，孵化室的屋顶盖了一层薄薄的纤维物质，形成一个透气的毛塞子；外壳其他地方是一层紧密均匀的粪料。两个大陆的食粪虫艺术都建立在相同的原理上。潘帕斯草原的滚粪球工和粪蜣螂的手艺相同之处就是这些。但是它在地洞里只产一枚卵，和圣甲虫一样。——原注

拢。我想，尖的一头就是这样来的。要把小窝完全封起来，它小心地耙着，把粪蛋其他地方的一点粪料耙到窝上面来，就这样形成孵化室的拱顶。拱顶如果塌下来就会砸伤卵，所以它压的时候分外谨慎，还得留下一圈空间，不用外壳遮护，而是塞上粗纤维。这一圈粗纤维，就像一张渗水的毛毯，在毯子下面，马上就可以发现孵化室，空气和高温来拜访卵的小屋很方便。

粪蜣螂的卵和圣甲虫以及别的食粪虫的卵一样，体积本来已经很引人注目，在孵化之前又长了很多，两倍、三倍地增加。潮湿的小屋里满是流质食物，都是给它的营养品。鸟蛋是透过钙质外壳的气孔交换气体，这种呼吸工程在消耗物质的同时又给物质以生气，是解体同时又是新生；不变的外壳下，内容的总量不会增加，而是减少。

粪蛋的切面和卵

但是，在粪蜣螂卵和其他食粪虫的卵里，却是另一回事。除了空气总是会帮助它们，让它们生气勃勃，此外还有更多的新的养料，补充到母亲产卵时卵巢提供的营养储备里去。孵化室里蒸发的物质透过卵那层纤弱的膜渗进去，卵吸收了这些蒸发的物质，膨胀起来，体积也就增加了三倍。如果人们没有留心观察这种逐渐的增长，那么，看到卵最后竟然大得和它的母亲不成比例，肯定会大吃一惊的。

这些营养维持了很长的时间，因为孵化需要15～20天的时间。利用卵不断吸收到的补充物质，幼虫生下来就已经很大了。它不再是很多昆虫给我们展示的那种虚弱的小虫，不只是有生命的小不点，而是一个可爱的小生命，健壮而又柔嫩，幸福地生活着，转动着，依靠胖胖的背在小窝里滑动。

幼虫像白缎子一样又白又滑，只在头顶上带点淡黄。我发现它身体最末端已经有了抹刀的雏形，即我们看到圣甲虫在堵塞屋子的缺口时，用的那个有垂边的斜面，这个工具预示了圣甲虫以后的本事。可爱的小虫，你以后也会有一个装粪的褡裢，也会是一个喜欢用肠子提供的水泥的粉刷匠。不过，在这之前，我要拿你做个实验。

你头几口是在哪里进食？我平时看见孵化室的内壁上有暗绿色的泥浆在闪现，泥浆是半流动的，就像薄薄的一片片分泌出来的土豆泥。那是不是专给新生儿脆弱的胃准备的特别佳肴呢？是母亲给孩子吐出来的美味甜点吗？我最初在对圣甲虫进行研究时是这样以为的，现在，看到不同的食粪虫，包括粗野的粪金龟的孵化室里，都有类似的泥浆，我开始猜想，这会不会只是简单渗透的结果，是流质的食物精华渗过疏松多孔的粪料，然后像露珠一样积在孵化室的内壁上。

雌粪蜣螂比别的食粪虫都容易观察。有很多次我惊扰它的时候，它都立在圆圆的粪蛋上，在蛋顶挖个碗口形的洞；但是我从来没有发现什么现象，能联系到它在吐东西给卵。我马上检查它正在挖的洞，也没有发现什么不同。不过，也许是我错过了最好的时机。再说，那个忙碌的母亲，我只大致地瞄了一眼；我一掀开纸罩，有了光，它便停止了所有的工作。在这样的条件下，这个秘密可能就无限期地错过了。我还是绕开这个困难，来弄清楚雌粪蜣螂胃里加工的某种特殊乳制品，是不是刚生下来的幼虫必需的。

我从饲养笼里偷了一只圣甲虫的粪球，它刚做好不久，主人正兴高采烈地滚动它呢。我刮去粪球表面的一小块土层，在这块干净的地方戳了一个一厘米深的小坑。我把一只刚孵出的粪蜣螂幼虫安顿在里面，这个新生儿还没有吃过一点东西。它住的小窝，内壁和粪蛋的实心没有任何区别。窝里没有奶油状的浆液，不管是母亲分泌的，还是只是单纯地渗透形成的。这种变化会有什么结果呢？

没什么坏事，幼虫像在它出生的地方一样，生长发育得很好。那么，我原来是上了假象的当。那细腻的浆液只是单纯的渗透，差不多总是附在食粪虫捏塑的孵化室上。幼虫开始吃东西时，比较容易找到它，但并不是必需的，今天的实验就是证明。

那只接受实验的幼虫住在一个完全敞开的小井里，但这种状况不会持续很久。没有屋顶，小小的幼虫感到不舒服，它喜欢在黑暗中修身养性。它会采取什么方式来盖住敞开的屋顶呢？那水泥抹刀还不能用，它还没吃什么东西来消化，那个储藏黏合剂的褡裢里还什么都没有。

尽管还是个新生儿，但这只小虫自有它的办法，不能当粉刷匠，就做叠石头的建筑师。它用足和大颚从墙上扒下一小块一小块的粪料，然后一块接一块地放在小洞的洞边。这个防御工事进展很快，一块块积起来的小颗粒形成了一个屋顶。当然，屋顶一点也不结实，只要我一摇，它就会塌下来。但是，幼虫马上就开始吃东西了，肠子也立即就满了；幼虫就这样及时得到了供应，它把水泥喷射到屋顶的缝隙，把屋顶加固。那个摇摇欲坠的搁板经过水泥加固，就变成了结实的天花板。

我让这条幼虫安宁下来，再去看看其他快老熟的幼虫。我用小刀尖把粪蛋尖尖的那一头戳穿，开了一个几平方毫米的小天窗。幼虫马上出现在窗口，不安地想弄明白这灾难是怎么回事。它在窝里转了一圈，又出现在缺口上，不过这一次是有垂边的大抹刀出现在缺口上。一束泥浆喷到缺口上，水泥太多了，质量也不好，四处散开来，流走了，没有很快凝结，于是新的水泥一次又一次地喷射出来。

但是没有用，粉刷匠又徒劳地重新开始，一切努力都是枉然。它又用足和触角接住流下来的水泥，但小口子还是没能堵上，它喷出的黏合剂太稀了。

可怜的幼虫绝望了。还是学学你的小妹妹吧，用墙上挖下来的小碎片搭个架子，再把流动的水泥浆喷到多孔的架子上就行了。但是这只胖胖的幼虫，太相信自己的抹刀，根本想不到这个方法。它为了把缺口封上，累得筋疲力尽还收不到满意的效果，而刚出生的小小幼虫却灵巧地做到了。小时候知道做的事情，它长大后却已经不知道了。

这么说，昆虫的技艺，有些秘诀是在某个阶段才用的，过后就丢掉，彻底被忘掉了。迟几天，早几天，它们的才能就变了。还没有水泥的小虫有叠石头的办法；而大一点的幼虫，水泥多的是，却对那种建筑技术不屑一顾，也许是它已不再懂得这种建筑技术了，尽管这种技术必需的工具，它所拥有的比小幼虫的更好。几天之前它还虚弱无力时就能巧妙地完成的事，现在身强体壮的它却已经想不起了。如果它那扁平的脑袋里还有记性，这样的记性真可怜啊！不过，虽然这只幼虫忘了那立竿见影的方法，但久而久之，它喷出的水泥水分蒸发了，缺口最终还是补上了。用这个抹刀抹水泥，差不多花了它半天工夫。

我想试试在这种情况下，雌粪蜣螂会不会去帮这只灰心的幼虫。我看见过雌粪蜣螂认真地给卵修补被我砸破的天花板，那么，对已经长大的幼虫，它会不会像对待胚胎那样呢？那个粉刷匠在被捅破的粪蛋里焦躁不安，无能为力，粪蜣螂母亲会去帮助它修复吗？

为了让实验更有说服力，我选了几个雌粪蜣螂完全不认得的粪蛋让它来修复。这几个粪蛋是在野外捡来的，形状不规则，表面凹凸不平；这是由于粪蛋是躺在石子地上的缘故。石子地不太适合建大的工作间，粪蛋也就没有准确的几何形状。而且，粪蛋外面还结了一层淡红色的痂，因为从田野回来的路上，我把它们埋在含铁的红沙里，免得颠簸损伤。总之，这些捡来的粪蛋，和那些在宽敞干净的瓶子里加工成的、无懈可击的粪蛋相比，相差太大了，而且瓶子里做成的粪蛋没有泥土粘在上面。我在捡来的两个粪蛋顶开了个缺口，粪蛋里的幼虫，坚持它的方法，马上用力去堵这个洞，但是没有成功。我把一个粪蛋罩在钟形罩下，作为见证；另一个放到瓶子里，那只粪蜣螂母亲正在瓶子里看守着它的小孩：两只标准的粪蛋。

我没等多久，半小时后，我掀开纸罩。粪蜣螂趴在那只外来的粪蛋上，正忙碌着，专心得根本没顾上光线射了进来。如果是在不那么紧急的情况下，它可能马上就会丢下手头的工作，蜷缩起来，躲避讨厌的光线；但现在它却没走开，继续镇定地干它的活。它就在我的眼前刮去那层红痂，再把从表皮上刮下来的碎屑涂在缺口上，把口子黏合起来。很快，缺口就严密地封起来了。封条贴得这样巧妙，我真是为之惊叹。

那么，雌粪蜣螂在修补这个不是自己生产的粪蛋时，钟形罩下的另一个粪蛋里的幼虫在做什么呢？它在不停地努力，但是没有结果，白白地浪费了很多不能马上凝固的黏合剂。我是上午开始做这个实验的，但这条幼虫一直到下午才把缺口堵上，而且还堵得不好。相比之下，那个养母没用20分钟就把灾难补救过来了。

雌粪蜣螂做的还不只这些，它不但以最快的速度修补好了缺口，救了那只苦恼的幼虫，而且那一天和接下来的一天，它都守在这个缺口已经堵住的粪蛋边，小心地用触角把粪蛋的土层刷掉，把凹凸不平的地方刮平，磨光粗糙的地方，让曲线变得规则；这个一开始丑陋肮脏的粪团变成了一个粪蛋，其精确度可以和在瓶子里加工成的粪蛋相媲美。

雌粪蜣螂对别人的幼虫都这么关心，引起了我的注意，于是我又继续实验。我把另一只粪蛋放到瓶子里。这只粪蛋，顶端也破了，开了一个更大的缺口，大概有0.25平方厘米。困难加大了，那么修复也会更令人赞赏。

果然，这回要堵上洞口困难多了。那条胖娃娃似的幼虫，狂乱地挥动手脚，把屎拉到敞开的缺口上。收养它的雌粪蜣螂俯在洞口上，好像在安慰幼虫。这情形，就像奶妈俯在摇篮前一样。雌粪蜣螂伸出援助的足，奋力地工作：它在张开的洞口边刮削，收集堵洞口的材料。这一次，粪料已经半干，很硬，没有弹性。不过没关系，幼虫不停地喷出水泥，雌粪蜣螂就把刮来的碎屑和在水泥里，让水泥变硬，再把它涂在洞口上，洞口就这样封上了。

这种麻烦的工作持续了整整一下午。这对我是个教训，我以后会谨慎些，选软一点的粪蛋；不把粪料挖走，只把小块的粪料稍微抬起一点，露出幼虫。这样雌蜣螂只要把碎粪块压下去，重新糊上就行了。

我就这样对第三个粪蛋进行实验。这个粪蛋只用了很短的时间就补好了，没留下一点小刀破坏的痕迹。我仍然继续实验，第四个、第五个……每个实验之间，我都给雌粪蜣螂留了比较长的时间休息。实验持续进行，一直到瓶子里装满了粪蛋才停下来。那个瓶子就像装满了李子，里面有12个粪蛋，其中10个是从外面拿进来的，都被小刀戳破了，但又都给它们的养母修复好了。

这个奇特的实验中有几个现象很有趣，如果瓶子的容量允许，我可能还要继续下去。粪蜣螂的热情，在修补了那么多破损的粪蛋后并没有减退，自始至终都兢兢业业；这些都说明，我还没有耗尽它的母爱。不过，我还是就此打住吧，这已经足够了。

首先引起我注意的是粪蛋的摆放方式。三个粪蛋就足以把瓶子的地板占满，所以其他的粪蛋就一层层交叉叠放上去，正好堆了四层。这一堆东西没什么顺序，简直就是个迷宫，中间留着弯曲狭窄的通道，粪蜣螂要从中穿过也很费事。当粪蜣螂把这一堆粪蛋都整理好以后，自己就趴在粪蛋的下面，贴着沙子。这时候我把一个新的粪蛋捅破放进去，就放在粪蛋堆的上面，放第三层或第四层，然后重新罩上纸罩，耐心地等几分钟，再回去看那瓶子。

雌粪蜣螂正立在那个被戳破的粪蛋上，忙着修补缺口。它在最底层，怎么知道上面发生的事呢？它怎么知道上面有只幼虫需要帮助？处在困境中的胖娃娃大声喊叫，奶妈就会赶来。但幼虫什么也不会说，发不出声音。它绝望地舞动手脚，却没有任何声响；但是守在一旁的母亲听得到这个哑巴的声音，它能感受到没有声响的声音，能看得见看不见的东西。我糊涂了，每个人都会被这神秘的感觉弄糊涂的；就像蒙田所说，它们的感觉和我们的这么不同，将我们的智力搅得晕头转向。我还是继续其他的问题吧。

我以前说过膜翅目是昆虫中最有天赋的，但它们对待别人的卵却有点粗暴。壁蜂、石蜂等膜翅目昆虫，有时还会做一些残忍的事。在它们产完卵后，出于一时的报复或无法解释的反常举动，它们会用铁钳般的大颚残忍地把邻居的卵从窝里拖出来，丢在路边。卵就这样被它们毫无怜悯之心地踩死、捅破，甚至吃掉。它们和宽厚的粪蜣螂差多远哪！

是不是我可以据此认为食粪虫的后代之间是互相关心的呢？我

是不是要授予它崇高的荣誉，认为它帮助了孤儿？如果认为是，那就太可笑了。虽然雌粪蜣螂细心地救助别人的儿女，但可以肯定的是，它以为它是在为自己的儿女忙碌。我的实验对象自己有两个粪蛋，我又给它多加了十个，把瓶子像装李子一样塞得满满的。但它对意外出现的子女的关心，和对自己家人的关爱并无二致。由此可看出，它的智力连最大致的数量，一个和多个，少和多，也不能分辨出来。

这是瓶子里太黑的缘故吗？不是。因为如果光线真的是它缺少的向导，那么当我频繁地把不透明的罩子掀开光顾的时候，就给了它机会去弄清楚，去认出这些堆积起来的陌生粪蛋。再说，难道它就没有别的方法知道吗？在天然地洞里，它的三个，最多四个粪蛋全都竖立在地上，只排列成一行，但是我给它补充的粪蛋是堆成四层的。

粪蜣螂如果要爬到这堆粪蛋的顶部，就要穿过天然地洞中从来没有的迷宫，它必须与堆积起来的每一个粪蛋擦肩而过，碰触它们；但粪蜣螂并没有因此把粪蛋的数目数清楚。对它而言，这一堆从上到下的粪蛋全都是一家子，是它的后代，应该受到同样的关怀。在它的算术中，我伪造的十个粪蛋和那两个真正的粪蛋是一回事。

我把这个奇特的算术家交给向我大谈昆虫智慧的人，就像达尔文那样。从两个答案中选一个：要么根本就没有什么智慧光芒，要么粪蜣螂的智力极其神奇，是昆虫中的圣樊尚·得·保罗[1]，非常同情那些可怜的孤儿，请选择吧。

---

① 圣樊尚·得·保罗(1581—1660)：法国天主教神职人员，曾创立遣使会、仁爱会。——校注

为了维护所谓的定律，他们很可能不会在荒唐的答案前退缩，于是，富有同情心的粪蜣螂终有一天会出现在进化论者的道德里。难道不是吗？他们不已经这样做了吗？因为同一个原因，他们不已经让一种蟒蛇具有善感的心灵，失去了主人，就会悲哀至死吗？啊！多情的蛇！这些为了把人类重新变回大猩猩而编造的故事，真让人受益匪浅；每回看到这类故事，我总会微微发笑。我们就不要坚持了吧。

现在，我的粪蜣螂朋友，我来谈谈你们那些不会引起什么风波的事吧。你愿意告诉我你远古时的声誉是自哪里来的吗？古埃及人在红花岗岩和斑岩上歌颂你；哦，我可爱的带角昆虫，他们赞美你，就像对圣甲虫那样，让荣誉环绕你；在昆虫等级里，你是在第二等级的。荷尔阿波罗说过两种长角的神圣的食粪虫。一种头上只有一个角，另一种有两个。前者说的就是你，我瓶中的客人，或者至少也是一种和你很相近的食粪虫。如果古埃及人已经知道你刚才告诉我的事情，他们肯定会把你排在圣甲虫之上的，因为圣甲虫这个离家流浪的滚粪球工，一旦给后代留了食物就丢开它们，尽可能地抽身出来。而你美好的品性，有史以来才第一次记载，古埃及人对此一无所知，只是猜测你的功绩，所以他们不会给予你更多的嘉奖。

另一种有两个角的食粪虫，根据大师们的说法，是博物学家称之为虹彩粪蜣螂的昆虫。我只在图片上看过它，但它的形状实在令人震惊，以至于我晚上开始做梦，梦想跑到努比①，在尼罗河边奔跑，到骆驼粪下去探询这象征伊西丝的昆虫，探询那孵化神、养育了奥斯里斯②和太阳的大自然，就像我年轻的时候一样。

---

① 努比：音译地名，为非洲地区，相当于现在的苏丹北部，埃及的南端。——译注
② 奥斯里斯：古埃及的神，为伊西丝之夫，太阳神之父。——译注

唉，我真是幼稚！还是照料你的白菜，种你的萝卜吧，这样你才不会陷于更糟的境地；浇灌你的生菜吧，你要从此知道，当问题涉及探索垃圾工的智慧时，我们的各种询问就都是徒劳。还是不要有入人的野心，就限于做个记录事实的角色吧。

　　就这样算了吧，粪蜣螂的幼虫没什么特别可说的，除了一些毫无意义的内部细节，其余都是重复圣甲虫幼虫的故事。它的幼虫背中间也有同样的隆起，最后一节也有一个斜的切面，朝上张开成一把抹刀。粪蜣螂的幼虫排泄也很迅速，也懂得堵缺口的艺术，以此阻挡从缝隙中钻进来的风；但它的手艺，比起圣甲虫的幼虫来，要差一个等级。粪蜣螂幼虫期长达一到一个半月，蛹要到7月末才出现，一开始全身都是金黄色的，然后头、触角、前胸和足变成醋栗红色，鞘翅则如阿拉伯树胶般的白。一个月以后，8月末，成虫脱掉了木乃伊般的外套。成虫的装束，由于受到微妙的化学变化的影响，也变得和刚出生的圣甲虫的装束一样怪异：头、胸甲和足是栗红色；触角、身上的瘤突和前足的锯齿有褐色的阴影；鞘翅白中带点暗黄；腹部是白色，除了肛门那一节，红得比胸部还要鲜艳。我发现圣甲虫、侧裸蜣螂、嗡蜣螂、粪金龟、花金龟还有很多甲壳虫，臀节总是最早染上色彩，而腹部其他的体节在此时还都是苍白的。为什么会这样呢？又是一个问号，在期待的答案出现之前会长久地悬在空中。

　　半个月过去了，它的服装变得乌黑，胸甲也变硬了，昆虫准备出来了。现在是9月末，泥土已畅饮了几场暴雨。雨把坚不可摧的粪蛋外壳重新软化，使成虫破壳而出变得容易。到时候了，我的囚徒们。虽然我对你们有点粗暴，但是我起码还是让你们大量地繁殖了。你们的粪壳变得像保险箱一样牢固，单用你们的力量决不可能打破，我来帮你们吧。下面我详细地说说事情的经过。

一旦地洞里储藏了一个可以切成三四个粪团的大圆面包，雌粪蜣螂就不会再出来。而且，它自己没有任何食物储备。运下去储藏的食物是给后代的糕点，是专门留给幼虫的财产，要平均分给它们。四个月中，穴居的雌粪蜣螂没有吃任何东西。

这是自愿的绝食，不错，食物就在脚底下，又多又好，但这是留给幼虫的，母亲绝对不会去碰；如果它拨了一点给自己享用，那么幼虫就会缺粮闹灾荒。粪蜣螂从一个一开始没有子女负担的贪吃鬼，变成一个长久绝食而有节制的母亲。母鸡在孵蛋的时候，能够几个星期忘记吃喝，而雌粪蜣螂一年三分之一的时间都忘了吃东西，守护着它的一群孩子。在母性的牺牲精神上，食粪虫要胜过鸟类。

这个忘我的母亲在地下干些什么呢？这么长的禁食期，它都操心些什么？我的器具给了我令人满意的答案。我说过，我有两种器具：一种是装着薄薄一层沙子的短颈广口瓶，用纸筒罩上，瓶子里就变暗了；另一种是装满土的大花盆，有一块玻璃片盖在上面。

我不时抬起广口瓶上不透光的纸筒。我发现，雌粪蜣螂有时趴在粪蛋的顶上，有时半立在地上，用足把粪蛋突出的大肚子磨光；很少看到它在粪蛋堆中打瞌睡。

它的时间安排是很清楚的。它守着珠宝一样的粪蛋；用触角探测里面发生的事；听着小宝宝生长；修复粪蛋外壳不完美的地方；把表面磨光了又磨光，延缓里面的干燥速度，直到里面居住的小隐士完全老熟为止。

时时刻刻无微不至的关心，其成果即使是最没有经验的观察者，也会为之吸引、震惊。这些蛋形的坛子，就是保育室里的摇篮，曲线极其规则，外表极其干净，绝没有什么要喷涂黏合剂的裂口、缝隙，或是翻卷的鳞片等各种意外的事故；而这些事故总是会把原本很完美的圣甲虫的粪梨变得大大逊色。

这有角食粪虫的保险箱，在造型艺术家用水泥加工后，外形真是美到了极点，即使干燥了都是如此。哦，这些暗铜色美丽的粪蛋，大小、形状简直可与猫头鹰的蛋相媲美！这种无懈可击的完美，一直保持到成虫冲破粪壳获得解放的时候；然而，这种完美是通过不断的修补得到的。这期间雌粪蜣螂在粪球底沉思打盹的休息时间，断断续续，越来越少。

不过，玻璃瓶这种器具也会让人产生疑问。人们可能会想，粪蜣螂是关在不能翻越的围墙里的囚徒，它之所以驻留在粪蛋中间，是因为不能跑到外面去。好，姑且这么认为吧；但还有那磨光和长久的守护工作呢？如果它的习性中没有细致的母爱关怀，那么它根本没必要操心这些工作，它一心想的应该是重获自由，不安地在围墙里四处转动。但事实恰恰相反，我看见它很镇静，总是那么怡然自得。

当我把纸筒抬起，玻璃瓶突然变亮的时候，粪蜣螂一点也没有不安；它唯一的举动就是从粪蛋上滑下去，蜷缩到粪蛋堆里。如果我把光线调柔和一些，它很快就又安定下来，恢复趴在粪蛋顶的姿势，继续被我打断的工作。

再说，那一直黑乎乎的花盆把这个证明补充完整了。7月，雌粪蜣螂钻到花盆的沙层里去，很快就把运下去的丰富食物做成一些粪蛋。只要它愿意，它就可以重新爬到沙面上来。那样，在那块大玻璃片下面，它就可以重见光明，找到我为了引诱它不时更换的美食。

结果，在那么长的禁食之后，这看起来如此令人向往的光明和食物，还是不能诱惑它。只要还没下雨，我的花盆中就什么动静也没有，没有谁爬到沙面上来。

花盆的沙土里发生的，很可能就是在玻璃瓶里发生的事。为了证实这一点，我在不同的时期探察了几个花盆。我发现雌粪蜣螂总是在粪蛋旁。它待在一个宽敞的角落，可以非常自如地转动、监视。如果它需要的是休息，它可以在沙子中钻得更深，随心所欲地缩到任何一个地方；如果它需要吃东西恢复元气，它可以爬到外面去，坐到新鲜食物边大吃大喝。但是，无论是在更深的地下室中去休息，还是沐浴阳光、享用柔软小面包的乐趣，都不能让它离开它的子女。除非它的孩子们全都打破了粪壳，否则，它不会抛弃这个保育室。

10月到了，人畜都渴望的雨终于降临了。雨水深深地浸透了泥土，那让生命停滞的炎热、灰尘满天的夏天过去了，凉爽重新带来了生气，这是一年中最重要的节日。欧石楠丛绽放了第一朵粉红色的铃铛花；红鹅膏菌展开了白色的花囊，现出身形，就像剥去一半蛋白的鸡蛋黄；在行人脚下被践踏的紫红的牛肝菌丛也变青了；秋天的绵枣儿竖起束束淡紫色花朵；野草莓树上的紫红色小珠子也重新变软。

迟来的复苏在泥土中也产生了共鸣。春天里繁殖的圣甲虫、侧裸蜣螂、嗡蜣螂、粪蜣螂，都急急忙忙冲破被润湿软化了的粪壳，来到地面，欢腾在这崭新美好的日子里。

玻璃瓶里的囚徒没有暴雨来救命，水泥囚笼在烈日的烧烤下，变得坚不可摧。粪蜣螂头盔上的锉刀和足也击不碎这个牢笼，还是我来帮助这些可怜虫吧。我不失时机地慢慢给它们浇水，代替落在花盆里的天然雨水。为了再一次了解水在食粪虫解放中起的作用，我又把几个玻璃瓶放在炎热的夏天带来的干旱之中。

我的灌溉没等多久就有了结果。几天之后，玻璃瓶里的粪蛋都软化了，被关在里面的囚徒推开，碎成一片片的。新生的粪蜣螂出来了，与母亲一起坐到我为它们准备的食物旁。

　　粪蛋里的隐士足变硬了，腰变粗了，奋力想打破关住它的穹庐。这个时候，母亲会不会从外面帮助它，进攻粪蛋呢？很有可能。母亲一直都细心地守护着它的一窝雏儿，留神着粪蛋里的动静，不会注意不到里面的囚徒焦躁不安想挣脱出来的声响。

　　我看到过雌粪蜣螂不知疲倦地堵塞我为了揭露内情而捅开的缺口；我也多次逮着它为了幼虫的安全重建被刀尖破开的粪蛋。出于本能，它能够修补、建造，那它为什么不能摧毁呢？不过，我什么也不能证明，因为没有亲眼看见。我的各种企图总是抓不到最有利的时机：我出现得不是太早，就是太晚；再说，别忘了，通常光线一射进去，它的工作就停止了。

　　在装满了沙子的黑暗花盆里，成虫的解放应该不会是以别的方式进行。我只能观察地洞的出口。刚获得自由的儿女们被我放在洞口的食物香气吸引，在母亲的陪同下慢慢地出来了，在玻璃挡板下转了一会儿，就开始进攻粪堆。

　　新生的粪蜣螂有三四个，最多五个。儿子的角长一些，容易辨认，女儿就没什么特别之处。再说，它们自己也很混乱。母亲不久前还那样尽心尽力，现在却来了个突然的大转变，对已获得解放的子女完全漠不关心。从今以后，各得其所，人人为己，彼此再也不相识。

　　在没有人工雨湿润的瓶子里，事情则悲惨地结束了。那干燥的粪壳，几乎和杏仁、桃核一样硬得坚不可摧，成虫足上的锉齿只从粪壳上刮下了一撮屑末。我听到工具顶在坚硬的围墙上，发出吱吱嘎嘎的声音，然后就静了下来。从最早行动到最晚行动的囚徒全都死了。雌粪蜣螂也死了，死在长得过了季节的干旱之中。粪蜣螂和圣甲虫都需要雨水来软化坚若石块的粪壳。

我们再回到自由了的昆虫身上来。我说过，一旦孩子从粪壳里出来，雌粪蜣螂就不认它的子女了，不再为它们操心。它现在的漠不关心，怎么能让我们忘记它四个月来尽心竭力的照料呢。

在昆虫世界里，除了群居的蜜蜂、蚂蚁这些昆虫，用嘴喂养后代，在干净的环境中照料它们长大，到哪里再去找别的榜样，具有如此的母爱奉献精神，对后代这样细心抚养呢？我还不知道。

粪蜣螂是怎样具有这样高的素质的呢？如果在无意识中也能有道德，我愿意把这素质称为自发的道德。它的母爱胜过了声望卓著的蜜蜂、蚂蚁，它是怎么学到的？我说的是"胜过"，因为，蜜蜂妈妈只是一个胚胎工厂，一个生殖力旺盛的厂房，这一点千真万确。它产卵，仅此而已；然后再由别的工蜂，那些抱定独身、真正好心肠的姐妹，来养育后代。

而雌粪蜣螂对属于它的朴素的事情做得好得多。它不需要任何人帮助，单靠自己就给每个儿女提供了一块糕点；它用自己的抹刀把糕点的外皮压硬，并不停地修整一新，把糕点变成不可侵犯的摇篮。因为母爱，它忘我到了忘食的境地。它在地洞深处整整四个月守卫着它的子女，关注着胚胎、幼虫、蛹以及成虫的需要。只有当所有的孩子都解脱出来的时候，它才会重新爬到外面来参加宴会。在一个低微的以粪为食的昆虫身上，最伟大的母性本能闪现出光芒。思想在它欲至之所散发出光芒。

第九章 嗡蜣螂和缨蜣螂

在我很有限的研究范围内，除了那些知名的食粪虫外，再把职业不同的粪金龟单独摆到一边去，那就只剩下平凡的嗡蜣螂了。在我的住宅周围，我可以收集到一打以上的品种。这些小家伙会教给我们些什么呢？

它们比那些大个子的同行还要热切，总是最早赶到过路骡、马落下的粪堆那里去开采。它们成群结队地到达，长时间地驻留在那里，就在粪堆形成的阴凉黑暗的大盖下忙碌。把粪堆从底部翻过来，你会惊讶地看到那些麇集的生灵，但是从外面却看不出它们的存在。它们之中最胖的才豌豆那么大，还有很多小小的、矮矮的，但它们和别人一样忙碌，对分解脏东西的热情并不比别人少；为了大自然的环境卫生，肮脏之物必须马上消失。

还有谁像这些卑微的昆虫呢？在为了大多数人利益的工程里，它们整合自己的微薄之力，来实现巨大的效果。把接近于零的数目加在一起，就变成了无穷大。

一有新的粪堆出现，小小的嗡蜣螂就成群地赶到；而且在这有益的工作中，还有和它们一样的小合伙人蜉金龟的帮助，所以它们很快就把地面的脏物给清除掉了。这并不是因为它们的胃口能够消耗这么多的食物，这么些小个子，它们要吃些什么呢？一颗小微粒。这颗微粒，是从人畜的排泄物中选出来的，是从那些绞碎的草料纤维中挑出来的。这样，在无穷地分解、再分解之后，一大堆粪便就成了碎屑，一束阳光就杀灭了这些碎屑的病菌，一缕风又把它们吹散。净化工作就这样完成了，而且完成得非常漂亮，这一帮净化工人又开始寻找另一个淘粪场地。除了很冷的季节一切活动都停止了，否则，它们是不知道有失业这回事的。

我们不要以为污秽的工作会使它们形容丑陋、衣衫褴褛，昆虫可没经历过我们的贫困。在它们的世界里，挖土工穿着奢华的齐膝紧身外衣，装殓工戴着金黄色的三层围巾，伐木工穿着天鹅绒上衣。同样，嗡蜣螂也有它们的奢侈物。不错，它们的服饰总是很朴素的，黑色和褐色是主色调，有的没有光泽，有的有乌黑的闪光；在整个的底色之上，还有很多优雅的装饰细节呢！

鬼嗡蜣螂的鞘翅是浅栗色的，还印着半圆的黑色斑点；颈角嗡蜣螂在浅栗色的鞘翅上撒满一点点的墨汁印，有点像希伯来方块字；斯氏嗡蜣螂乌黑发亮，可与煤玉相媲美，还戴着朱红色的头徽；叉角嗡蜣螂用一

4¼

叉角嗡蜣螂

束反光把自己的短鞘翅照亮，就好像把一块煤慢慢地点燃了似的；还有很多，比如母牛嗡蜣螂、垃圾嗡蜣螂等等，在前胸和头上镀上金属光泽，带着佛罗伦萨青铜的光芒。

而且它们身上还穿着雕镂的工艺品，使漂亮的服装变得更完美。一条条镂空的细细的平行纹路，一节节的小珠串，一行行巧妙排列的、密密麻麻的珍珠斑点，这些图画大量地分布在它们身上，几乎所有的嗡蜣螂身上都有。是的，这些小家伙真的很美丽，矮矮胖胖的，走起路来非常迅速。

再说，它们额头的装饰真是独特啊！这些爱好和平的家伙热衷于全副武装，好像就要挑起战争一样，其实它们一点也不伤人。很多嗡蜣螂都把具有威慑力的角高高地顶在头上，那我就说说下面这

一对带角的嗡蜣螂吧，我会特别关注它俩
的故事。我首先要谈的是公牛嗡蜣螂，全
身漆黑，两只长长的角优美地往身后两侧
弯曲。在瑞士牧场上，无论哪一头美丽的
公牛，头上都没有这么优美、这样弧度的

2½

公牛嗡蜣螂

角。另一种是叉角嗡蜣螂，个子要小得多。它的盔甲是一把叉，叉
上有三个短短的垂直竖起的小刺。

　　它俩就是这篇嗡蜣螂小传的传主。并不是因为别的就不值得
写，它们每一个都可以告诉我们一些有趣的东西，有的甚至还有一
些不为人知的特别之处。不过，在这么多的种类当中必须划定范
围，总体观察是比较困难的。而且，更重要的是，我的选择不是自
由的，我只能用偶然的新发现和笼子里获得的成果进行选择。

　　由于这两方面的原因，只有我刚才提到的两种嗡蜣螂能满足我
的愿望。看看它俩工作吧，它俩会告诉我们整个嗡蜣螂家族生活方
式的主要特点，因为它俩处在体形等级的两个极端，公牛嗡蜣螂的
个头是数一数二的，而叉角嗡蜣螂则排在最末一等级。

　　我首先讲讲它们的巢穴。出乎我的意料，嗡蜣螂的巢穴建得比
较差劲。它们并不在太阳底下快乐地滚动小球，也不在地下工厂里
辛勤地制作粪球产卵。可能是有分解垃圾的职责吧，它们有太多的
事要做，没有时间来干那需要长久耐心的活，它们只热衷最起码的
必需品和最快能得到的东西。

　　一个垂直的小坑挖好了，两法寸深，圆柱形，大小根据挖掘者
的个子有所变化。叉角嗡蜣螂的窝直径有一支铅笔那么粗，而公牛
嗡蜣螂的是前者的两倍。在洞底紧贴着墙壁的地方，紧密地堆积着
幼虫的储备粮。粮垛的左右完全没有空地方，可以说明粮食是怎么

样储藏好的。这里根本没有通道，甚至一个角落，能让雌虫行动自如，能够让它揉搓糕点。粮食是被往后推到圆柱形的箱子底部的，像个实心顶针一样放在箱底。

7月末，我挖出了几个叉角嗡蜣螂的幼虫巢穴。这是个比较粗糙的工程。你所想到的工人娇小可爱，可它建造的工程之毛糙会令你大吃一惊。稻草秸胡乱地混在一起，竖在中间，更显难看。这一次的食物是由骡子提供的，粪料的质地也是外观难看的部分原因。这几个巢穴长14毫米，宽7毫米；上面有点凹，证明被雌虫压过；底下是圆的，是以洞底为模具做成的。我用针尖一小块一小块地把这个简陋的工事层层剥落下来。顶针下面三分之二那紧密的一大块是幼虫的食物；卵的小室在上部，在一层薄薄的凹下去的盖子下面。

公牛嗡蜣螂的巢穴没什么特别，除了体积大些外，别的都和叉角嗡蜣螂没什么区别。它的建造方式，我还不知道。这些小矮子，对于筑巢搭窝的深层秘密，和大个子同行一样保守。只有一种虫子差不多满足了我的好奇心，但不是一只嗡蜣螂，而是一个相近的品种：黄腿缨蜣螂。

7月的最后一个星期，我在粪堆下逮到了一只黄腿缨蜣螂。一头骡子在打麦场上压麦垛的间隙拉了一堆粪便，强烈的阳光把厚厚的粪堆变成了绝好的孵化器，粪堆底下遮蔽着一大群嗡蜣螂。缨蜣螂单独一只，飞快地退到一个敞开的小洞里，引起了我的注意。我挖了两法寸深，就把屋里的主人请出来了，连带它的劳动成果。成果已经破损得很严重，不过，我还看得出它像个口袋。

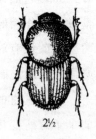

2½

黄腿缨蜣螂

我把缨蜣螂安置在一个水杯里，放在压紧的一层土上面。我给它提供的筑巢的材料，是圣甲虫、粪蜣螂喜欢的富有弹性的绵羊粪便，它在快产卵的时候做了俘虏，又被卵的那不可抵抗的要求刺激着，所以很满意地顺从了我的愿望。三天之内，四只卵就产好了。产卵迅速可以解释工程简陋的原因。如果我的好奇心没有骚扰这只将产卵的母亲，也许它还会更快。在我细心提供的一块粪堆底部，雌虫从中央最软的地方用圆圆的切刀，切了一整块中意的粪料下来。西班牙粪蜣螂也是用这种方法，从大圆面包上提取一块粪料来做粪蛋。就在粪堆底下有一个小洞，是它事先挖好的，缨蜣螂把切下的粪料运到洞下面去。

　　我等了半小时，让工程有时间进行；然后我把水杯倒过来，想在母亲正忙于工作的时候突然逮住它。

　　开始的那一小块粪料现在变成了一个袋子，是在洞的四壁上压模成的。雌虫在袋子底部，一动不动，被我的探视引起的混乱和光线弄得张皇失措。我看着它用头盔和足工作，把粪料涂开，挤压，贴到箱子似的地洞四壁上去。看起来要完成这个工作困难重重。我退开了，让一切恢复原样。

　　再过一会儿，我第二次去巡视，缨蜣螂已经离开地洞，工作已经结束了。它的小窝外形像顶针，高15毫米，宽10毫米。顶针上面的平面就像个放在袋口的盖子，细心地缝合在袋口。袋子下部一半是满的，底是圆圆的，是幼虫的食品储藏柜。孵化室位于上部，卵的一端就垂直地固定在孵化室底部。

　　对嗡蜣螂和缨蜣螂这些盛夏的骄子来说，危险是比较大的。它们的食品储藏袋体积很小，但形状根本没考虑到要减少水分蒸发，再加上离地面不深，也会让它们容易受到干旱的荼毒。如果这些糕点干硬了，小幼虫一旦超过了可以挨饿的极限，就会死去。

我在几个嗡蜣螂和缨蜣螂的食品袋的侧面开了一个口，方便看到里面发生的事，然后把它们放到象征天然地洞的玻璃管里。玻璃管用棉花塞紧，放到实验室里的暗处。在用塞子塞住的防水管子里，水分应该蒸发得很少。不过，它们还是会过几天有点干旱的日子，干燥与食品是不相容的。

我看到这些饥民一动不动，咬不动讨厌的面包皮；它们失去了原来的丰满，皮肤皱缩、干瘪，两个礼拜之后出现了死亡的种种症状。我把干棉花换成湿棉花，管子里有了湿气；袋子也慢慢地浸透，鼓起来，重新变软，于是垂死者又活了过来。它们恢复得这样好，只要不时地更换湿棉花，成长变态可以毫无困难地进行。

那湿棉花就像是乌云，我逐步供应的人造雨让它们起死回生了，像一场复活。8月，通常酷热少雨，与我的人造雨相当的雨水几乎不可能出现。那么，它们怎么避免足以致命的食物干燥呢？在我看来，小家伙们的母亲的手艺，没有为它们提供足够的防御干旱的措施，所以它们拥有某些先天的恩赐。三个星期的空腹，嗡蜣螂和缨蜣螂的幼虫已经缩成了一个干瘪的小球；可是有了湿棉花，我看到它们又有了胃口，丰满起来，有了活力。这么长久的耐力自有其用处，它使幼虫可以在近似于死亡的麻木迟钝之中，等待那很不可靠的几点雨滴，结束缺粮的状况。忍耐力救了幼虫，但仅有忍耐力是不够的，一个种族的繁荣不能仅仅依赖于省吃俭用。

它们还有更好的方法，而这则是母亲的本能所提供的。那些加工粪梨、粪蛋的昆虫，它们的地洞总是挖在毫无遮掩的地方，除了挖出来的土堆似的小丘，就没有别的庇护物；而这些压制食袋的小家伙，把地洞直接挖在开发的粪料下面，而且它们喜欢骡马的大堆粪便。在厚厚的垫子下，土地没有日照和风吹，又有粪便的湿气浸润，所以能在比较长的时间里保持凉爽。

再说，它们的危险期也没有多长。如果没有什么阻挠，卵不到一个星期就孵出幼虫了，幼虫12天左右就发育老熟。嗡蜣螂和缨蜣螂的关键时期，总共也就20天左右。从此之后，即使食品储藏袋干燥殆尽，又有什么关系？蛹待在坚固的箱子里只会更惬意；过不了多久，9月的头几场雨一下，箱子就能毫无困难地碎掉，昆虫就解脱了。

这些幼虫的外表和习性，与圣甲虫等昆虫已经告诉我们的相同。它们同样能够防止干燥空气进入小窝，同样能够用肠子中的水泥浆，认真而又迅速地黏合哪怕最小的缺口，它们的背中间同样也有一个褶裢，形成一个隆起的肉峰。

黄腿缨蜣螂幼虫

缨蜣螂幼虫的驼背是最引人注目的。你想要一张关于它的迅速而又真实的素描吗？那就画一段短短的皱缩的香肠吧，在香肠的中间，插入一段，往侧面延伸出来，这延伸出来的一段就是头，整个结构是三个差不多相等的部分。香肠的下部是肚子；上部的呢，人们首先在那里寻找的是头，因为它看起来实在太像是下部的延续，然而它是幼虫隆起的肉峰。这个巨大的肉峰令人不可思议，即使是漫画家最疯狂的构想，也不可能有这样的笔调。这块隆起的肉占据了本来是属于头和胸的位置。那么头和胸又在哪里呢？它们给这个巨大的褶裢往下甩到一边去了，形成了侧边的延伸部分，像个肉瘤。这个古怪的生物，在驼峰的压力下，弯成一个直角[1]。

---

[1]　蜣螂幼虫胸后2～3腹节的"驼峰"，是对有限的生存空间适应的结果。蜣螂幼虫的体形基本如此，只是隆突高度有所差异。——校注

　　当大自然想要创造怪诞的作品时，肯定会让我们吃惊不已的。只是，这是不是就该称之为怪诞呢？我在图片上看到有些猴子，长着一个匪夷所思的鼻子，即使像拉伯雷这样对庞大的概念有着天才想象力的人，也想象不出这种鼻子。但是他创造了"蒸馏管"似的鼻子，"冒出无数缤纷的泡泡，鼻子上带着喝醉了似的紫红瘢"。在图片上我还看到这些猴子的胡子、头发、鬓须错综复杂，所有可笑的长毛动物都可以在这里找到痕迹。但是，毫无疑问，蒸馏管似的鼻子，毛发丛生的脸，在猴类看来是最常见不过的。在规范和怪诞之间，根本就没有界线，一切取决于审美者。

　　如果这只夸张的幼虫出现在公众面前，毫无疑问，在缨蛴螂和嗡蛴螂的眼里，它是美得无与伦比的。但是像它这样的隐士，没有人看得到它。它的美丽也许不为人知，如果没有明智的观察家这么想——"一切与要实现的职能相和谐的都是美的。幼虫需要一个水泥袋来防止食物变干燥，所以为了生存，它一生下来就是背褡裢的"，那么，这个大隆峰就可以原谅，可以引以为荣。

　　这个隆峰还有另一种用处。因为食品袋的体积很小，小幼虫几乎将它全吃光了。袋子只剩下薄薄的一层摇摇欲坠的碎片，蛹在里面需要绝对的安全，必须把废墟加固，增加一层新的围墙。为此，黄腿缨蛴螂的幼虫就把褡裢彻底地倒空，按照圣甲虫等昆虫的方法，给袋子涂上一层均匀的保护层。

　　嗡蛴螂幼虫建造的是更艺术的工程。它把自己的水泥一滴一滴地糊上去，就像排版一样把那有点像松果鳞片、不怎么外突的泥浆拼接起来。公牛嗡蛴螂这样修补好的食物袋，既干燥又没有原来的食品储藏袋那么多的碎屑。蛹室的体积有一般的榛子大，就像美丽的赤杨果，我第一回在笼子里发掘出来拿到手里的时候，就被蒙骗了。要从误会中清醒过来，就得看看所谓的赤杨果里面的内容。这个大隆背真有它的把戏，它给我们预订了一个粪便做的美丽的珠宝样品。

嗡蜣螂的蛹留给找的义是另一种惊奇。我的观察只限于公牛嗡蜣螂和叉角嗡蜣螂，但是，两者之间差别还是很大的，比如大小和形态；这样做的好处，是能够把独特的现象归纳出来，应用到整个种族当中。

蛹的前胸的前缘中央，武装了一个明显外突的尖角，大概突起了两毫米。这个尖角就和这个时候长出来的所有器官，特别是足、触角、口器一样，是无色透明的，不硬。一个以后会长的角，就是由这种明显的晶体状原基来预示的，就像大颚最开始有乳突，而鞘翅有硬鞘来预兆。所有的昆虫收集家都会理解我的惊讶。蛹前胸上有一个角，然而没有一只嗡蜣螂成虫有这样的武装！尽管笼里的饲养记录向我证实了昆虫的形态，但我不敢相信。蛹蜕皮了，这个奇特的角也就随着被扔掉的旧衣裳干瘪，掉了下来，没有留下一丝痕迹。我的这两只嗡蜣螂，不久前还因为有一身罕见的武装而无法辨认出来，现在它们的前胸没有尖角了。

这个器官转瞬即逝，连一个肉瘤都没留下就消失了，这个临时的尖角最后消失得连小刺都没有，不得不引起我的思考。食粪虫这些平心静气的虫子，一般都很喜欢全副武装；它们喜欢不合常规的武器：戟、长矛、钉耙、弯刀。我们再迅速地回想一下西班牙粪蜣螂的角，连印度丛林里的犀牛鼻子上都没有长着它这样的角。它的角基部强壮，顶端尖锐，弯成弓形；头抬起来的时候，角就和前胸背上的斜截面接

2½

母牛嗡蜣螂

合在一起。这个角就像是哪个妖怪用来开膛破肚的铁钩。再想想蒂菲粪金龟的样子，即使停下来的时候，也像是要用三把长枪刺向敌人；月形粪蜣螂前额上长了个角，胸的两侧背着一把长矛，前胸上也有一个新月形的槽口，让人想到屠夫弯弯的切肉刀。

嗡蜣螂的武器就更多种多样了。公牛嗡蜣螂的角像牛角；母牛嗡蜣螂的角通常有又宽又短的锋面，锋尖把胸甲的凹窝当作鞘；叉角嗡蜣螂用三叉戟来打斗；颈角嗡蜣螂则佩带着匕首，上面还带着分叉的小刀尖；垃圾嗡蜣螂的胸甲上带着骑兵的直军刀；武器最少的也在前额上高高地顶着一对触角。

这些武器是做什么用的？是不是要把它们看成锄、镐、叉、铲、杠杆之类的工具，食粪虫在挖掘的时候会用到它们呢？绝对没有。它们劳动时的唯一器具就是额突和足，尤其是前足。我从来没逮到哪只食粪虫用它

3¼

颈角嗡蜣螂

的武器来挖地洞或是堆积食物。再说，大部分时间里，那套武器的唯一方向也和作为工具用途的方向相反。如果要往前挖，你想要西班牙粪蜣螂怎样利用它那朝后的镐呢？那有力的角可不是正对着要进攻的障碍，而是翘到背上。

蒂菲粪金龟的三叉戟，方向虽然是合适的，但仍然处于停工状态。我用剪刀剪去它的三叉戟，但它丝毫没有失去挖掘才能，它和那些没有残疾的伙伴一样，很容易就钻到地下去了。更具有说服力的推理是：雌虫，虽然筑巢做窝的活都归它们干，是出色的工人，但它们都没有这些角状武器，或者只有最简单最少的武器。它们把武装简化，完全扔掉了，因为这些武器在工作时，与其说是有帮助，还不如说是一个累赘。

那么应该把它们看成是防御工具吗？也不是。反刍动物是粪便消费者的主要供给者，它们也喜欢把自己的前额武装起来。这种相同的癖好是很明显的，但我们不可能去怀疑它们之间有什么深层的动机。牦牛、公牛、山羊、羚羊、雄鹿、驯鹿，还有其他的一些动物，都有角和角枝，是用来进行友谊赛或保护遇到危险的群体的。但嗡蜣螂从来没有经历过战斗，它们之间没有口角；再说一旦有了危险，它们就喜欢把足收在腹下装死。

所以，它们的盔甲只是一种装饰，一种显示雄性魅力的服装。根据生存竞争的法则，这是为了更容易戴上棕榈枝取得胜利。我觉得这长在身体上的长剑很奇怪，可它们却不这样看，而且越怪诞它们越喜欢。哪怕是偶然多出来的一个很小的结块，都是多出来的美丽，都能决定雌虫对求婚者的选择。打扮得最美丽的才能吸引雌虫，传宗接代。它们把导致胜利的因素——角、肉瘤，传给后代。昆虫学家今天赞赏的装饰品，就这样一步一步地慢慢形成、传递，不断地变得完美。

按照进化论的说法，嗡蜣螂的蛹会这么回答："我背上正在长出的角，是华丽衣着的萌芽。水牛嗡蜣螂可以为证，它把这个角变成一个船头状美丽的突起；异国的很多亲戚也可以证明，它们的前胸伸长成一个美丽的船头尖。我所拥有的也就是我的亲人们进化而来的。如果我把这个角、这个隆峰保留下来，就是个美丽的创新，肯定会把竞争对手甩到身后去；我就会有特权，成为开创者，而我的后代将补充完善这一尝试，那么那些衰老过时的昆虫就会绝种。为什么要我背上没有用的肉瘤干缩掉呢？如果几个世纪以来每年都重复，那为什么我的尝试不会取得预期的效果呢？"

哦，听着，我的小野心家。进化论断言过，所有偶然拥有的东西，哪怕再小，只要有好处，就都能传递下去，得到巩固。不过，别太相信这种断言。我怀疑多出来的装饰能给你带来的好处，我怀疑而且很怀疑，作为进化因素的时间和环境的有效性。你应该聪明地相信，因为你在远古时生下来的时候，就有这么一块临时多出来的肉块，你就带着这个隆峰的雏形不断地生长，但是你没有任何机会把它固定下来，把它变硬成角，变成你婚礼服上的又一个装饰品。

人和食粪虫就像是一个原型永恒不变的肖像纪念章，变化的生活条件只是稍微改变了我们的外表，但骨骼却从未改变。世纪的青苔改变了像章的外貌，在像章上盖上铜绿；但图像和最初的铭文却不会被别的东西所替代。没有什么让我长出鸟的翅膀，即使这是处在泥淖中的人类最渴望的；也没有什么奖给成年的你胜利的羽毛，即使你蛹态时的肉瘤看起来有这个预兆。

嗡蜣螂和黄腿缨蜣螂的蛹20天左右就成熟了。8月，成虫穿着一身半白半红的服装出现了，在以前的研究中我早已经熟悉。正常的服装色彩也形成得比较快，不过它们并不急着冲破粪壳，也许是困难太大。它等着9月的头几场雨来帮助自己，把小箱子重新软化。

它来了，这解放的雨；于是，小小的民族欢快地从泥土里出来，奔向食物。这个时候，在笼中饲养物给我揭示的深层秘密之中，有一个引起了我的特别注意。我同时从不同的窝里抓住了新生的一代和老的一代。老前辈和第一次在露天下宴会的儿女们一样，兴高采烈地围在食物旁，两代人聚集在我的笼子里。

所有在春天里筑巢做窝的食粪虫，圣甲虫、西班牙粪蜣螂和侧裸蜣螂，父母和子女都能同时存在。我把卵放在一个特殊的单间里，仔细地监守它们的孵化，再仔细地清点幼小的虫子。食粪虫父子的确同时存在，令人惊讶。

亲代看不到它的子代，这是昆虫界的规律；一旦子女的未来确定了，它就死了。但是，出于某种例外，圣甲虫以及它的对手们都认得它们的继承人；父亲和儿子是同一个盛宴的来宾，不过不是我饲养笼里的盛宴，因为我研究的问题需要把它们隔开，而是在自由的田野里。它们一起在日光下嬉戏，一起开发碰上的粪堆；只要秋天里还有美好的时光，快乐的生活就会继续。

寒冷来临了。圣甲虫和西班牙粪蜣螂、嗡蜣螂、侧裸蜣螂为自己挖个地洞，带着储备粮下到洞里去，关起门来，耐心地等待。1月，一个冰冷的日子，我挖开一个暴露在恶劣天气下的饲养笼。为了不让所有的囚徒经受粗野的考验，我进行得很谨慎。每只挖出来的虫子都放在一个小窝里，盖着东西，旁边放着剩下的粮食。当我把它们放在阳光下时，它们只稍微动了一下触角和足，这就是它们在寒冷的迟钝中所能做的一切。

鬼嗡蜣螂

2月，一旦杏树冒冒失失地开花，就会有几只沉睡的食粪虫醒来。两种早醒的嗡蜣螂——鬼嗡蜣螂和额角嗡蜣螂，那时已经很常见了，已经在分解大路上太阳晒温热了的牛粪。不久，春天的宴会开始了，大的小的，老的少的，全都来参加。总有些老的食粪虫保养得很好，又举行第二次婚礼，真是闻所未闻的例外。尽管并非所有的老食粪虫都如此，但起码还是会有几只梅开二度。这些食粪虫每隔一年就有两户分开的后代，甚至还能有三户呢，这是宽背金龟证实过的。在笼中饲养三年来，每年春天宽背金龟都给我生产出一堆粪梨，也许它们就到此为止了。食粪虫中可真有高龄的元老。

第十章 🐛 粪金龟和公共卫生

食粪虫能够以成虫的形态轮回一年，在春天的宴会上被子女们围在中间，还能将自己的家庭成员数量翻上一两番，这在昆虫世界里确实是极其例外的。蜜蜂这本能杰出的昆虫，一旦把蜜罐装满就一命呜呼；蝶蛾也是数一数二的杰出人物，不过它们不是本能杰出，而是打扮出色，它们在合适的地方固定好成团的卵后，也就死去了；披挂着厚厚的护胸甲的步甲，把后代的胚胎撒在碎石下以后，就再也支持不住了。

除了群居昆虫外，其他昆虫也基本上是这样。群居昆虫的母亲要么独自生存下来，要么就在仆人的服侍下延续生命。昆虫从一生下来，就成了无父无母的孤儿，是普遍的规律。但是，因为某种出人意料的变化，这些低下的滚粪球工，竟躲过了扼杀大批高贵者的严峻法则。食粪虫尽情地过日子，最后变成高龄的元老。

它们的长寿首先向我解释了一个以前令我震惊的现象。当时，为了熟悉那些我所喜欢的昆虫的故事，我在笼子里养了一群鞘翅目昆虫：步甲、花金龟、吉丁、天牛等等。这些昆虫都是一个一个地发现的，需要长时间的寻觅。新发现在大家脸上点燃了兴奋的火焰，当我们这群没有经验的人中有谁找到了一只罕见的昆虫时，惊叹声就会从我们口中发出。对那幸福的拥有者，我们的祝贺中也夹着丝丝的嫉妒。要知道，人们不可能再有别的感情的，不是所有的人都能抓到这些家伙的。

天使鱼楔天牛，蛋黄色的衣服上铺着层叠状的黑绒，它是干枯的树莓的客人；步甲那乌黑的鞘翅镶着紫水晶般的绲边；火红的吉丁将绿孔雀石的高贵和黄金、铜器的光芒结合在一起；这些都是引起轰动的东西，非常罕见，不可能让我们大家都得到满足。

和食粪虫待在一起，真是美好的时光！如果要我把令人羡慕得透不过气来的瓶子灌满，那么我就讲讲这些鞘翅目昆虫吧。当其他小生命稀稀落落的时候，它们却多不胜数，尤其是那些小个子。我记得在一个粪堆下就蠕动着成千上万的嗡蜣螂和蜉金龟，那么一大堆，简直可以用小铲子收集。

今天，我还是不厌其烦地为这群家伙的一再出现而惊叹，就像以前，食粪虫家族成员的兴旺与别的昆虫之罕见，其反差令我震惊一样。如果我想重新背上捕昆虫的袋子，开始进行曾给我带来甜蜜时光的研究，那么，在对剩下的一系列昆虫做一些平凡的发现以前，我一定可以把我的瓶子装满圣甲虫、西班牙粪蜣螂、粪金龟、嗡蜣螂等昆虫。5月一到，处理垃圾的昆虫就占了绝大多数；七八月来临，田野里的一切生命活动，在令人头晕眼花的高温下都停止了，别的昆虫都待在地下，一动不动，麻木了，而这些开发肮脏粪料的却一直在工作。它们和同时期的昆虫蝉，几乎象征了炎热的日子里的唯一活力。

食粪虫在我们地区这么常见，难道成虫的长寿不是原因吗？我想是的。当别的昆虫只能一代接一代地在美好的季节里欢腾，它们却能父亲挨着儿子、女儿傍着母亲，参加宴会。再加上多产，所以它们能一再出现。

再说，考虑到它们做出的贡献，它们也确实配得上这么长的寿命。有一种公共卫生工作，需要在最短的期限内，把所有腐烂物质消灭干净。巴黎至今还没有解决可怕的垃圾问题，这早晚要成为

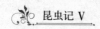

那座特大城市生死攸关的问题。还有人会想，会不会有一天，市中心的光明都会被泥土中饱和的腐烂物散发的臭气给熏灭了。那集几百万人口的城市，倾其财力智力，都不能解决的问题，在小小的村庄，却用不着花钱，甚至不用操心就办到了。

大自然为乡村的清洁花了大量心思，但对城市的舒适状况，即使它并没有恶意，也是漠不关心的。大自然给田野创造了两种清洁工，没有什么能让这些清洁工厌烦和气馁。第一种清洁工包括苍蝇、葬尸甲、皮蠹、负葬甲、阎虫，它们被指派来解剖尸体。它们把尸体分割切碎，在胃里把死尸的残骸细细研磨之后再还给生命。

一只鼹鼠被耕作农具划开了肚皮，已经发紫的内脏弄脏了田间小道；一条躺在草地上的游蛇被过路的人踩死，而这个笨蛋还以为做了件大好事呢；一只还没长毛的雏鸟从窝里掉下来，摔在托着它的大树脚下，可怜地变成了肉饼子；还有成千上万类似的残骸，出现在各个角落，分散在四处。如果没有谁去清理，它们腐烂后散发的臭气会很有害环境卫生。不过不要担心，只要哪里出现一具显眼的尸体，小小的收尸工马上就赶到了。它们处理尸体，挖空肉质，把尸体吃得只剩下骨头，或者至少也会把尸体变成风干的木乃伊。不到一天，鼹鼠、游蛇、雏鸟就都不见了，环境的卫生真令人满意。

第二种清洁工，干起活来同样热情高涨。城市里用来减轻我们负担的、氨气刺鼻的厕所，乡村里几乎见不到。当农民想一个人待一会儿的时候，随便一堵矮墙、一排篱笆或一丛荆棘，就是他需要的避人场所。用不着多说，在这种无拘无束的场合，你会撞见什么。苔藓、厚厚的青苔、一簇簇的长生草和其他美丽的东西，装点着久经风雨的石堆，吸引你走过去，来到看起来是一垛给葡萄培土的墙跟前。好家伙！在装饰得那么美丽的墙脚一带，有一大摊可怕的东西！你拔腿就跑，什么苔藓、青苔、长生草，都吸引不了你。不过，你明天再来，就会看到那摊东西不见了，那个地方干干净净，因为食粪虫已经到过这里。

对这些勇敢的小家伙来说，防止那些一再出现的有碍观瞻的场面被人们撞见，仅仅是最次要的职责，还有更崇高的使命落到它们身上。科学向我们证明，人类最可怕的灾难，都能在微生物中找到原因。这些微生物，与霉菌相近，位于植物界最边缘。这些可怕的病原菌在流行病传播期间，在动物的排泄物中成千上万、数不胜数地繁殖。它们污染空气和水源，这些都是生命的首要粮食；它们散布在人的衣服、被褥和食品上，把传染病传播开去。所有染上病菌的东西，都必须用火烧掉，用腐蚀剂消毒杀菌，埋到土里。

为了小心谨慎，连垃圾也绝不能积留在地面。垃圾是无害还是有害？虽然对这个问题人们还有怀疑，但最好还是让垃圾消失。古代的贤人似乎早就明白，他们所处的年代，远远早于我们了解到应该对微生物保持谨慎之前。比我们更容易受流行病威胁的东方人，早就知道一些明确的法则。看起来，摩西①好像传播了古埃及有关这方面的知识，他在自己的人民流浪于阿拉伯沙漠的时候，就在法典中制定了处理方法。"当你有了自然需要，"摩西说道，"走出营地，带上一根尖头棍，在地下挖个洞，之后再用挖出来的土把垃圾盖住②。"

这个简单的安排，有着重大的意义。如果伊斯兰教在大规模朝

①　摩西（公元前13世纪）：古代以色列人的解放者、立法者。他率领在埃及的希伯来人出埃及。详见《圣经》中《出埃及记》。——译注
②　原文为：Habebis locum extra castra,ad quem egrediaris ad resquisita naturoe. Cerens bacillum in balteo; cumque sederis, fodies per circuitum et egesta humo operies. 见《摩西五经·经五》第123章第12、13节。——原注

观克尔白圣庙①期间，也采取这种谨慎的措施或类似的措施，那么麦加城就不会每年都成为霍乱中心，欧洲也不需要在红海两岸筑起防线阻止瘟疫了。

法国外省②的农民，和祖先中的一支阿拉伯人一样，不为卫生问题发愁，根本不知道这样的灾难，他们多亏了有食粪虫在那里工作，食粪虫是摩西训诫的忠实遵从者，就是它们消灭、掩埋带菌物质。一有紧急需要，以色列人就会跑出营地，腰间带着尖头棍；食粪虫也会赶去，它装备的工具可比尖头棍高级，人一离开，它就挖好一口井，把恶臭的脏物一股脑滚进去，不让它产生危害。

这些掩埋工做的工作，对田野里的环境卫生意义重大。而我们，则是这种持之以恒的净化工作的主要受益者。但我们给予这些忘我的工作者的，差不多就是轻蔑的一瞥，还用俗语给它们加上种种难听的名字。做好事的，背骂名，受歧视，挨石头砸，给脚跟踩，好像成了一条规律。蟾蜍、蝙蝠、刺猬、猫头鹰，还有别的一些帮助我们的动物，都证明了这条规律。它们为我们做贡献，可要求我们的只是一点点宽容。

具刺粪金龟

垃圾被人不知羞耻地摊在阳光下，在保护我们免受垃圾危害的卫士当中，我们地区最著名的是粪金龟。这倒并不是因为它们比别的埋粪工更勤快，而是因为它们的身板能让它们干最重的活。而且，当它们需要暂时恢复一下体力的时候，它们喜欢针对那些最令我们害怕的东西下手。

①　克尔白圣庙：位于麦加城大群陵庙中心的建筑，穆斯林教徒若有条件，一生中必须至少来此祈祷一次。——译注
②　外省：法国人指巴黎以外的地区。——校注

我家附近，有四种粪金龟从事这项开发工作，其中变粪金龟和具刺粪金龟比较少见，最好不要把它们列作跟踪研究的对象，粪堆粪金龟和黑粪金龟则常见得多。这两种常见的粪金龟，背部都是乌黑的，胸前穿着华丽的衣服。大人出人意料的是，在这些被指派来淘粪的昆虫身上，居然佩戴着这么美丽的首饰。粪堆粪金龟脸部的下方，像紫水晶一样光彩夺目；而黑粪金龟则用黄铜矿的灿烂光芒大肆装点。它俩就是饲养笼里的食客。

我先问问它们干起埋粪的活有多大的本事。我将两种粪金龟混养在一起，共有12只。之前，笼子里的食物都是没有限制的，这一回，我预先把剩余的食物清扫干净，想算算一只粪金龟一顿能埋多少东西。将近黄昏，一头骡子从我门前经过，排出一大堆粪便，我把这堆粪便全都给了我的囚徒们。这堆粪便够多的了，差不多装了一筐子。

黑粪金龟

第二天早上，这一堆骡粪全都消失在地下，除了一些屑末，地面上什么都没有。我大致估算了一下：假设将骡粪分成12等份，那么每只粪金龟就往地下储藏了差不多一立方分米的粪料。想想它们那平凡的身材，还要挖掘仓库，把收集的战利品运到地下去，这真是泰坦神干的活，而且它们是在一夜之间干完的！

储备了这么多的食物，它们是不是会守着宝藏安安静静地待在地下呢？哦，根本没那回事！现在正是大好时光呢。黄昏到了，宁静而温馨，这是大飞跃、齐欢唱的时刻，正是外出觅食的时刻。牧群刚从大路上经过，我的食客们也抛开地窖，重新爬到地面上来。我听到它们簌簌地移动，爬上栅栏，冒冒失失地撞到壁板上。我早就料到了它们黄昏时的活跃，所以白天就已经收集了和昨天一样多的食物，这时就喂给它们。夜里，这些粪料又没了，第二天，笼子里又干干净净。只要是天气好的傍晚，如果我手头总有东西来满足这些贪得无厌的攒财迷，它们就会这样无止境地持续下去。

不管食物多么丰富，粪金龟都会在日落时离开它已经收集到的食品，借着夕阳的微光嬉戏，开始寻觅新的开发场地。也许，对它来说，得到的并不算什么，只有未得到的东西才是有价值的。那么，它在每个黄昏的好时光里更新的仓库，到底是用来做什么的呢？很显然，这粪生昆虫一夜之间不可能消耗这么多的粮食，它家里的食物多得不知道派什么用处好。它往家中装满财富，却从不会利用；而且，这个囤积居奇的虫子并不满足于爆满的仓库，还是每晚出去奔波劳累，往仓库里运更多的东西。

粪金龟的粮仓建得四处都是，它随便碰上哪个，都可以从中提取一点作为当天的粮食，剩下的就扔掉；而那些剩下的也几乎与未用的粪料差不多。饲养的情况证明，它作为掩埋工的本能，比它作为消费者的胃口来得更迫切。笼子里的土迅速地增高，我不得不时时把水平线拉回到需要的界限。如果把土挖开，我就会看到土下塞满了堆积的粪料，厚厚的，没有动过。笼子里的泥土，现在已经变成土粪难分。如果我不想以后的观察搞不清楚，就必须彻底进行清理。

要把粪料分出来，总会有误差，不是多了就是少了，不可避免地和正确的测量结果有出入；但从我的研究来看，有一点很清楚：粪金龟是狂热的埋粪工，它们搬到地下去的粪料，远远超出了它们的消费需求。有一大群大小不一的合作者，通力合作完成这种劳动量不同的工作，那么，很显然，土地的净化会收到很大的成效，我们也会庆幸有这么一支协同作战的军队，在为公共卫生出力效劳。

而且，植物以及由植物引起的连锁反应的大批生命，都会从食粪虫的掩埋工作中受益。粪金龟埋到地下、第二天就扔掉的东西，并没有失去价值，远远没有。在世界的收支结算单上，没有东西会损耗掉，清单的总量是永恒不变的。食粪虫埋下去的一小块软软的粪料，会让日后这附近的一簇禾本科植物因此而长得茂密葱绿。一只绵羊经过这儿，吃掉这束青草，那由此而增加的羊腿肉不是人类所期望的吗？食粪虫所从事的工作，最终会给我们带来餐叉上美味的肉。

　　我们的坏习惯是要所有的东西都要给我们带来利益，那么，食粪虫的工作已经很了不起了。如果我们的思考能摆脱这种狭隘的观点，那该多好。在一连串错综复杂的生命中，要一一列举那些直接或间接参与了对我们有益的工作的生命，是不可能的。我看见黄莺用它的巢装饰遭风雨烈日侵蚀的茅屋的门楣，蓑蛾的幼虫把蛾翅的鳞片镶嵌在破败的小茅屋上，小小的鳃金龟吃着禾本科植物的花药，小象虫把成熟的种子变成幼虫的摇篮，成群的蚜虫在叶子下安家，蚂蚁则咬着这群蚜虫的触角酣畅地吮饮。

　　我就数这么多吧，例子不胜枚举。整个世界都从食粪虫的工作中受益，首先是植物，接着是利用植物的。食粪虫的世界是个小世界，很小的世界，如果你要这么认为的话；但它毕竟是个不能忽略的世界，正是这些微不足道的生物构成了生命的大积分，就像数学积分是由无数个接近于零的数量组成的。

　　农业化学告诉我们，要更好地利用畜棚里的肥料，最好尽可能地在肥料新鲜时把它埋起来。如果肥料给雨水浸、被空气蒸，就会没有肥力，失去其中的有效成分。这个具有重大意义的农艺学真理，粪金龟和它的同行可是知道得清清楚楚。在干埋粪活的时候，它们挑选的总是新鲜的粪料。那即时生产的粪料，饱含丰富的钾肥、氮肥、磷肥，它们埋这些肥料非常起劲；而那些在太阳下晒得发硬的粪料，暴露在空气中太久，已经不再那么肥沃，它们就不屑一顾；没有价值的残渣，它们是不理睬的。对别的生命来说，干枯的粪料也是没有用处的。

我已经知道粪金龟是清洁工和肥料收集工，现在，我又了解到，它们也是敏锐的气象学家。乡间的傍晚时分，如果有很多粪金龟飞出来，忙忙碌碌地在清理地面，就是第二天天气好的信号。这种简单的预兆有价值吗？笼子里饲养的粪金龟会告诉我。整个秋天，它们筑巢做窝的季节，我都仔细观察我的食客们，记下它们前一天夜晚的情况，再记下第二天的天气。在我的气象实验室里，没有用温度计和气压表，也没有使用任何科学设备，有的只是我个人的感受。

粪金龟只在太阳下山之后才离开洞穴。如果空气沉静，温度很高，在傍晚最后的微明之中，它们就四处流浪，嗡嗡地低飞，寻找白天的生命给它们准备的盛宴。如果找到了合适的，它们就猛扑上去，有时会因为冲得过急，没有控制好，踉跄摔倒；它们钻到新发现的宝物下面，夜里大部分时间都在掩埋它。只要一夜工夫，田里的污物就消失了。

粪金龟的净化工作需要一个必不可少的条件：空气要很宁静，很热。如果下雨，粪金龟就不会挪窝。它们在地下有足够的粮食，足以对付长时间的失业。如果很冷，刮着北风，它们也不会出来。在这两种情况下，饲养笼里的土面上都是空荡荡的。撇开必要的休闲时间，我只能考虑大气状况适合它们出门的晚上，或者至少是在我看来是适合的晚上。

美妙的夜晚，粪金龟在网罩里骚动不安，不耐烦地想赶去服黄昏时的劳役。第二天，天气很好。预兆非常简单，今天的好天气是昨夜的继续。如果粪金龟没有知道得更多，那么它们就不大配得上这种声誉。不过在下结论之前，我还是继续做实验。

还是一个美丽的夜晚，从天空的情形看，我根据经验认为，第二天将会有好天气；但粪金龟们却意见相左，它们没有出来。我俩谁会对呢？人还是食粪虫？是食粪虫，它那灵敏的感觉预感到了暴雨。确实，夜里雨突然下起来，一直下到第二天白天。

有一天，天空乌云密布，中午的风把云都堆积起来了。风会给我们带来雨吗？据天空的情形看，我想会。但是粪金龟在飞，在笼子里嗡嗡地响。它们的预言很对，而我又上当了。即将来临的雨消失了，第二天，太阳光芒四射地升起。

空气中的气压看起来对它们的影响特别大。在又热又闷、酝酿着风暴的晚上，我看见它们比往常更加焦躁不安。果然第二天就有阵阵猛烈的雷声在咆哮。

我持续观察了三个月，现在可以做总结了。不管天气状况如何，晴朗还是多云，粪金龟都是以在黄昏时候的繁忙或焦躁，来预示好天气或暴风雨。它们是活的气压表，也许它们比物理学家们的气压表还要值得信任。这种细致的生命感触力，要胜过水银柱剧烈的刻度变化。

最后，如果情况允许，我想引述一个绝对能带来新信息的事实。1894年9月12、13、14日，笼子里的粪金龟异常骚动不安，在此之前我没有见到过它们这样活跃，在此之后也没有再见到过。它们像疯了一样爬到栅栏上，每时每刻都在飞跃，又马上撞到网罩上，栽了个跟头。它们焦躁不安地来来往往，一直到深夜，十分反常。笼子外面的邻居，几只自由的粪金龟，也在我的家门前奔忙，与笼中的嘈杂相呼应。发生了什么事，会引起这种怪事，把笼子里弄得这样骚动呢？

那是那个季节特别热的几天，之后，中午起风了，雨近在咫尺。14日晚上，断断续续的乌云不停地跑到月亮前面，那情景真是壮观。几个小时以前，粪金龟还像疯了一样骚动。14日到15日的夜里，它们安静下来了。没有一丝风，天空清一色灰灰的，雨垂直地落下来，就这么单调而绵绵地下，好像永远不会停止一样，令人发愁。确实，雨到18日才停下来。

粪金龟从12日就忙碌起来，它们预感到了洪荒一样的大雨吗？表面看起来是的；但是，在雨快来临时，它们没有像往常一样离开地洞。那么，应该有特殊的事情让它们这么激动。

报纸为我解开了谜底，12日那天，法国北部发生了闻所未闻的飓风，气压大幅度下降，造成了风暴，我们地区也受到了影响，所以粪金龟们以极度的不安为信号，预示那恶劣的气候变化。如果我能早点了解它们，那么它们在报纸之前就已经告诉了我这场飓风。这只是简单的偶合，还是因果关系呢？没有大量的资料，我还是在这个问号上结束吧。

第十一章 🐜 粪金龟筑巢

9月，头几场秋雨浸透了泥土，圣甲虫可以打破它出生的牢笼了。这时候，粪堆粪金龟和黑粪金龟开始给后代建造房屋。建筑很粗糙，尽管这些小家伙号称挖土工，但它们为后代建造的居所，会使这一称号给人的期待落空。如果必须挖一个避难所来躲避严酷的冬天，粪金龟倒真的是名副其实，在井的深度、工程的完美和进展的迅速上，没有谁能比得上它。在沙地和挖掘不太困难的泥土中，我曾经发掘过深达一米的地洞。有的粪金龟还能把挖掘向更深的地方推进，我的耐心和工具都不能企及。这就是粪金龟，一个老练的挖井工人，无人可及的挖土工。如果寒冬肆虐，它就下到地下去，下到用不着害怕霜冻的地层。但是它给后代筑的巢穴则另当别论。有利的季节很短，如果粪金龟为每一枚卵都留下一个深深的地下城堡，它没有那么多时间。要钻一个很深的地洞，粪金龟就必须把冬天临近之前的所有时间都花在这上面，没什么别的办法；为了避难所更安全，它必须不停地劳动，暂时不能把时间花在其他的事情上。但是在产卵期，它不可能进行这些艰苦的劳动。时间很快流逝，它必须在四五个星期里给众多的后代建造房屋，提供粮食储备，因此，它不可能长时间耐心地钻井打洞。

再说，粪金龟还必须花心思来防止地面的危险。一旦把后代安顿好了，没有保护的它就不得不给自己安置一个很深的冬季营地，春天的时候再从那里爬上来，加入到孩子们中间，就像粪蜣螂一样；但是，幼虫和卵都不需要这种工程浩大的冬季宿营地，因为它们有父母给的设备保护。

尽管季节有所不同，但粪金龟给幼虫挖的地洞，并不比西班牙粪蜣螂和圣甲虫挖的地洞深多少，30厘米左右，就是我在田野里观察到的深度，在那里洞的深度并不受限制。而在饲养笼里，泥土的厚度有限，洞穴深度的数据可能不太值得相信，粪金龟只能利用我提供给它的有限土层。不过，很多次，我发现土层并没有完全被穿透到木板上，又一次证明地洞不需要很深。

不管是在自由的田野里，还是在拘禁的笼子里，地洞总是挖在它们开采的粪堆下面。从外面看不出下面有个地洞，它被骡子排放的体积庞大的粪堆盖住了。地洞是个圆柱状的巢穴，直径有瓶颈大小。如果地洞是在土质均匀的地里，就是垂直的；如果是在粗糙的地里，地洞就会弯弯曲曲，拐来拐去的很不规则，因为地里有石头、树根的阻碍，它们不得不突然改变地洞的方向。在我的饲养笼里，当土层的厚度不够的时候，这个开始笔直垂下去的小井洞，在碰到笼底的木板时就会弯成肘形，水平延伸。所以，粪金龟在钻洞时没有确切的规则，地形的起伏决定了地洞的形状。

地道的尽头也没有像西班牙粪蜣螂、圣甲虫和侧裸蜣螂用来捏塑粪梨或粪蛋等艺术品的宽敞大厅或工地，它只是一个和其他地方一样大的死胡同。在不均匀的土质上，有些地方像结瘤一样突出和弯曲，如果忽略那些，一个真正的钻孔，一根弯曲的羊肠地道，就是粪金龟的地洞。

这个简陋的洞里容纳的东西，类似一节香肠，把管状地洞的下部灌得满满的，和模具似的地道紧紧地压在一起。如果是粪堆粪金龟的作品，粪香肠的长度不会超过2分米，宽度不会超过4厘米。黑粪金龟的香肠，体积还要小一些。

不管是粪堆粪金龟的还是黑粪金龟的，这节香肠差不多都是不规则的，有的弯曲，有的稍微凹凸不平。粪香肠表面不完美，是由于石头地起伏不平。这个喜欢直线和垂直的昆虫，并不能总是按照它的艺术法则去挖掘地道。而与地道紧贴在一起的粪料，也就很忠实地再现了不规则的模具。粪香肠的底部是圆的，就像地洞的底部一样；香肠上端则凹下去，因为粪金龟很用力地把中心压紧了。

　　这一大节香肠可以一层层地分开，每一层都圆圆的，堆积在一起，让人想起一摞叠放的钟表玻璃。香肠的每一层都清晰可辨，应该是相当于粪金龟抱一抱粪料的分量。粪金龟从地洞上面的粪堆采集粪料，运到下面，安放在前一次堆放的那层粪料上，然后使劲地往下踩。每一层薄薄的圆形粪料的边缘，都不好挤压，所以要高一些。整根香肠堆积下来，就有了一个凹陷的弯月形状。而在边缘的粪料，压得不太紧，便形成像外壳的皮，和地洞的内壁接触，沾着土。总之，香肠的结构透露了它的制造方法。粪金龟的香肠就像我们吃的香肠一样，是在管子里压模得到的。粪料一层一层连续不断地运进管子，同时挤压，尤其是从中心挤压；如果用脚踩，挤压就更容易。我稍后的直接观察会证实这种推理，而且能够用更有意义的数据来补充。单单观察粪金龟已经完成的作品，还不能让人预料到这种意义。在继续研究之前，我注意到，粪金龟总是把地洞挖在粪堆下面，做一节香肠需要的粪料就从粪堆中提取，它是多么富有灵感啊。那一抱接一抱运进地道挤压的粪料，数量是非常可观的，如果以每一层4毫米厚来计算，那么就必须来回运50来趟。如果粪金龟每次都要从比较远的地方去拖食物来储存，它肯定不能胜任这种要花费大量体力和时间的重活，它所具备的技艺不适合圣甲虫式的长途旅行。经过一番深思熟虑之后，它把家就安在粪堆下面。如此一来，粪金龟只需要从地洞里爬上来，在家门口，足下就可以抓到做香肠所必需的大量粪料，想要多少就有多少。

当然，前提是以它所开采的工地能提供丰富的粪料。如果粪金龟是为幼虫在工作，它就会注意到这个条件，只采用骡、马提供的粪料，而绝不用绵羊的，因为绵羊排出的粪便太少。它关心的不是食物的质量问题，而是数量问题。当然，我在笼子里的饲养表明，如果羊能更慷慨些，它就会更受欢迎。羊不能自然产生的，我来插手帮它实现，我把收集的羊粪堆积起来。这么特殊的宝藏，在田野里是绝不会出现的；我的那些囚徒热火朝天地在这个宝藏下劳动，证明它们非常懂得欣赏这个意外之财。它们做的香肠，多得让我不知道拿来做什么好。我把一些香肠和周围的新鲜泥土一起放到大花盆里层叠起来，以便继续观察冬天来临以后幼虫的活动；把另一些一个一个地移到试管、玻璃管里；再把一些堆在白铁盒子里，房里的地板都被这些香肠占满了。我收集的这些粪香肠让人想起罐头套餐。

不过，粪料的更新并没有带来香肠结构上的变化，因为粪料的颗粒更小，弹性更大，所以香肠的表面更规则，内部更均匀，除此之外没有别的变化。

香肠底部那一端总是圆圆的，那是孵化室。孵化室是一个圆圆的孔，能放下一个中等大小的榛子。为了便于胚胎呼吸，孵化室的侧壁都比较薄，让空气能很容易就进入。在孵化室内部，我看到微白的黏液在闪光，那是疏松多孔的粪核渗出的半流物质，就像在西班牙粪蜣螂和圣甲虫的育儿粪球里一样。

卵就睡在这个圆圆的小孔里，和四围没有任何接触。卵是白色的，长椭圆形；比起昆虫的体积，卵的身材非常惊人。粪堆粪金龟的卵，长7～8毫米，宽4毫米多。黑粪金龟的卵体积要小一些。

厚厚的香肠里的这个小小巢穴，位于地洞的底部，和我读到的关于粪金龟筑巢的书所讲的完全不相符。米尔桑在谈到粪堆粪金龟的孵化室时，讲的是一个古老的德国作者弗里希的观点，我贫乏的藏书让我不能向这位作者请教，他说："在垂直的地道底，雌虫建造了一个像小窝或鸡蛋似的东西，还在壳的一边开了个口。这个壳通常是用土建造的。一个麦粒大小的微白的卵，就粘在壳的内壁上。"

那么，这个经常用土做的壳，还从旁开了个口，让幼虫够得着上面的一大柱食物，究竟是什么呢？我糊涂了。壳，特别是用土做的壳，没有……开口，也没有。只要我想观察，我一次又一次地观察到的，总是一个圆圆的小室，到处都密闭，而且安置在圆柱形的营养物质下面；除此之外，再没别的，甚至连一个和书上所写的大致相似的结构都没有。

对这虚构的结构，谁该负责呢？是德国昆虫学家因为观察肤浅而犯了错误，还是里昂昆虫学家错误地阐释了老作者的话？我没有资料来追究这个错误应该由谁负责。什么触角的词条、什么不规范的名称出现的时间先后，都和昆虫生活的最大体现——习性和技艺，几乎无关，但是看到大师们为了这个争吵、疑虑，不是很可悲吗？分类昆虫学取得了巨大的进展，它把我们包围了，淹没了。而生态昆虫学，这唯一有趣、唯一值得我们思考的学科，却被忽视了，甚至连最普通的种类也没有传记，即使有人谈到了一点点关于这些种类的故事，这些故事也需要仔细地核实。打抱不平也没有用，事态的发展在很长时间之内不会有什么改变。

现在我再回到粪金龟的香肠上。粪香肠的形状不同于西班牙粪蜣螂、圣甲虫的粪球。西班牙粪蜣螂、圣甲虫在粪的制造上费尽心思，把粪料捏成最能防止干燥的形状；而且它们的粪球数量也非常惊人。它们知道用鸡蛋形、长颈梨形，让后代的微薄口粮保持新鲜。粪金龟不知道这种聪明的办法，它生来粗俗，觉得只要食物丰富就是舒适。只要把地道里装满粮食，它才不怎么在意那一堆粮食是多么难看。

粪金龟不是逃避干燥，看起来它反而好像追求干燥似的。确实，你看看它堆积的香肠吧。这节香肠出奇地长，而且很草率地揉在一起，没有不渗水的紧密外壳，表面积大得过分，整个圆柱面都和泥土接触。这些都是快速干燥必须采取的措施，与圣甲虫等昆虫那面积最小的解决方法恰恰相悖。那么，我对它们食物形状的概括，在我们的逻辑看来非常有理的概括，就成了什么啦？我是不是轻率地上了几何学的当，只是偶然才得到了这个合理的结论？

还是让事实来回答吧，事实告诉我们：那些制造粪球的是在夏天最热的时候筑巢做窝，那时候土地极其干燥；而对制造圆柱的粪金龟来说，它们是在秋天挖掘巢穴，这时土壤已经被雨水浸透了。前者需要为它们的后代预防面包过硬的危险；但后者却没有经历过因干燥而引起的饥饿之苦，它们的食物嵌在凉爽的泥土中，能无限期地保持柔软。虽然它们的食物没有前者那样的形状来保护，不过，潮湿的土地外壳就是它们的保护者。现在这个季节的湿度已经和夏天不同，足以让伏天所需要的谨慎变得没有必要。

进一步钻研，我们就会看到，秋天的时候，把粪料做成圆柱体比揉搓成球形更好。九十月来临，雨水频繁而又连绵不绝；但是只要出上一天的太阳，就能把粪金龟巢穴所在的那块不深的土壤晒干脱水。不能错过这欢快的好时光是件大事，幼虫怎样才能享受到这样的乐趣呢？

假设一下，如果幼虫是关在一个胖胖的粪球里，那么，只要大雨一来，粪球吸饱了雨水，就会牢牢地将水分保持住，因为球形蒸发面积最小，与享受到日光照射的泥土的接触面也最小。结果，24小时之内，土地表层又回到了正常的湿度，但球状粪块因为与已脱水的土壤接触不够，还会保存过多的水分；那么，又湿又厚的食物就会发霉，外面的热量和空气很难进来，幼虫在秋末的阳光中也得不到多少益处；这迟来的阳光本来会让幼虫成熟，给它经受严冬考验所需的体力的。

在7月需要抵御干旱的时候是优点的，到了10月需要避免过分潮湿的时候，已经变成缺点了，所以圆柱体的粪块代替了球形的粪块。这个奇特的新形状，实现的正是对粪肠制造者来说很重要的条件：同样的体积，表面积大到了极致。这样颠倒，有它的动机吗？也许有，而我好像明白其中的原因。

既然再也用不着害怕干燥了，那么，食物块有了这么大的表面积，不是很容易就能把过多的水汽蒸发掉吗？不错，下雨的时候，圆柱面能让雨水渗透得更快；天晴了，表面与很快就脱水的土地充分接触后，又可以让过多的水分迅速地流失。

最后，我们来了解这根香肠是怎么制造的吧。在田野里目睹粪金龟劳动，非常困难，可以说是行不通的；但是利用饲养笼，只要稍微有点耐心和技巧，就肯定可以成功。我把那块拦在人造土上的木板放倒，土的纵切面就暴露出来。我用刀尖一点点地发掘，一直发掘到地洞。如果小心操作，没有引起塌方之类的麻烦，我就会看见，那些正在劳动的工人，受到突然涌入的光线的惊吓，一动不动，劳动姿势就像僵化了一样。这个劳动工地上的摆设、材料与工人的位置和姿势，能让我准确地重续被打断的工作场景；只要我延长探访时间，中断的工作场景就不会改变。

　　首先，有一个现象引起了我的注意，一个有重大意义的特殊现象，昆虫学到现在还是第一次给我提供这样的例子。在每一个暴露出来的地洞里，我都发现了两个合作者，一对夫妻，雄虫给雌虫提供了有力的帮助，家务活由它们两个分担。我从笔记里摘录了下面的一段描写，根据这些演员一动不动的姿势，可以很容易把这些描绘变得生动起来。

　　在地道尽头，雄虫蹲在仅拇指长的一小段香肠上。它占的位置，是香肠中间凹下去的小坑，因为每一层粪料的中心都被用力压紧，形成了小坑。那么，在我侵犯这个地洞之前，雄虫在干什么呢？它的姿势说得很清楚：它在用强壮的足，特别是后足，把香肠最上面的一层踩下去，堆放好。雄虫的伙伴却在上面，差不多在地道的出口处。我看见它的足之间抱了一大抱粪料，就是刚才在屋顶上的粪堆里收集来的。我的闯入造成的惊吓，并没有让它放松抓住的东西。雌虫悬空站在高处，用力把身体支撑在地道的内壁上，像得了蜡屈症一样僵直地抱着它的包袱。我可以猜到它们连续的工作情况：波西斯把粪料运下去给强壮的菲雷蒙①，让菲雷蒙接着去干堆积和踩压的重活。产卵和小心细致地保护卵是母亲一个人的秘密，一旦完成，它就把建造圆柱的任务交给它的伙伴，自己只限于当个搬运食物的次要角色。

　　在它们劳动的不同阶段闯进去看到的场景，可以让我做一个整体的描绘。那节香肠状的粪块，刚开始是个又短又大的袋子，紧紧地铺在地洞尽头。在这个张开大口的袋子里，我看到过两只性别不

---

① 菲雷蒙、波西斯：神话中的一对夫妻，是夫妻恩爱、白头偕老的象征。这里菲雷蒙指代雄粪金龟，波西斯象征雌粪金龟。——译注

同的粪金龟正把粪料弄得碎碎的，也许是在把粪料踩紧之前要仔细地检查，好让它们的幼虫一出生就能在嘴边找到上好的食物。然后小两口就粉刷四壁，增加墙壁的厚度，直到袋子的直径减到孵化室需要的大小。

到了产卵的时候，雄虫悄悄地退到一旁等候，等母亲产完卵，它就带着准备好的粪料，帮助雌虫封住刚刚有了小居民的小室。把袋子的边拉拢，添上一个拱顶，用水泥糊一个密密的盖子，孵化室就封好了。这是细致的操作，需要的灵巧更胜于力气，由母亲独自一人完成。菲雷蒙现在干的是简单的活，它把灰浆传递过去，而不是直接粘到拱顶上，因为它粗鲁地压碰很可能让拱顶倒塌。

很快，孵化室的盖顶变厚了，加固了，不再害怕压力了。于是，不太需要细心的踩压工作开始，这粗重的活把雄虫推到了第一角色。在粪堆粪金龟中，雌雄两性在个头和力气上的差异是非常惊人的。真的，菲雷蒙属于格外强有力的性别，这是很罕见的。它威风凛凛，肌肉发达。把它抓到手里，握紧它；如果你的皮肤稍微嫩了点，我很怀疑你能抓得住它。它那长着粗粗的锯齿的足僵硬地抽搐，把你的皮肤划得一道道的；它像个无法抵抗的楔子一样钻进指缝当中，让人无法忍受，还是松开这只虫子吧。

在干家务活时，菲雷蒙起的是液压机的作用。我们把大捆的草料用力往下压，以此来减小庞大的体积；它也一样，压缩香肠状粪块里的纤维物质，减小体积。我经常看见雄虫站在圆柱体的顶部，顶部凹陷成深深的篓子状。粪金龟用这个小篓子装雌虫运下来的粪料，然后，像制酒工人在酒桶里榨葡萄汁一样，踩、挤，用僵曲的手臂推，把粪料堆积到一起。它的行动进行得很顺利，每次新运来的粪料刚开始都像是一大捆乱七八糟的碎布片，但后来都变得紧

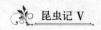

密，和前一层融成一体。

不过，雌虫也并没有放弃它的权利，我不时看到它在凹下去的小坑里，也许它是来了解工程的进展吧。它的触觉，更适应养育后代的种种细致活，更能捕捉到要改正的缺点。也很有可能它是来替换雄虫，干这让人筋疲力尽的压榨活吧。它也很有力，动作刚硬，能和它强健的同伴轮流使劲。

不过，雌虫通常的位置还是在地道的高处，我看见它时而抱着一大抱刚收集来的粪料，时而把一大堆几次收集的粪料保存起来，提供给它的伴侣。只要底下的工作需要，它就把粪料拖进来。雄虫倒退着接住粪料，一点点地把粪料运下去。

从雌虫的临时仓库到洞底粪料上的小坑，还延伸着一大段空白的间隔区，这段间隔的下面一部分，又给我提供了有关工程进展的资料。地洞的内壁，厚厚地涂了一层从最有弹性的粪料中提取的涂料。这个细节有它的价值，它告诉我们，昆虫是在把模具粗糙、渗水的内壁黏合了之后，才开始一层接一层地堆积营养香肠的。它给地洞抹上水泥，为幼虫预防多雨季节的渗水。因为粪金龟不可能用压力把被包裹得紧紧的粪料表面变硬，所以它采取了一种在宽敞工地上劳动的食粪虫们所不知道的战略：它用泥浆把整个泥土外套粉刷了一层，能够避免幼虫在雨天被淹死。

这个防水保护层是随着圆柱的加长而断断续续地完工的。我觉得，当雌虫的食品供应仓库装满了，还有余暇的时候，雌虫就埋头干这个工作。当它的伴侣在压、踩的时候，它就在离伴侣一拇指高的地方涂墙壁。

这对夫妇合力劳动，最终做成了一个符合规定长度的圆柱。圆柱上方仍是空的，没有粉刷过，占了地道的绝大部分。还没什么向我表明粪金龟操心过这一段空置的地道。圣甲虫和西班牙粪蜣螂都把挖掘出来的一部分土屑抛到地下大厅的前庭，在住所前形成一道堡垒；但这些灌香肠的虫子却好像根本不关心这个。我造访过的地道，上面全都是空荡荡的，没有把土屑重新分紫的迹象，只有被开采的粪堆或地道内壁崩塌下去的堆积物。

粪金龟忽略筑防御工事，也许是它们的住宅上面原本就有厚厚的屋顶。粪金龟通常是把家安在骡或马提供的丰富食物下面。在这样的掩体下面，还用得着把家门关上吗？再说，自有无常的天气负起关门的责任。屋顶倒塌下来，土崩陷下去，敞开的地洞用不着挖洞的虫子插手，马上就会被土填满。

刚才在我的笔下出现了菲雷蒙和波西斯两个名称，是因为在某些方面，粪金龟夫妇确实让人想起神话里和平的小两口。在昆虫世界里，雄性是什么？一旦婚礼庆祝过后，它就是个无能的人，游手好闲，一无是处，是多余的废物，被赶走，甚至被残酷地清理掉。修女螳螂会告诉我们很多这样的悲剧。

然而，因为一个奇特的例外，懒虫变成了勤劳的人，一时的情人变成了忠贞的伴侣，对后代漠不关心的人变成了子女们威严的父亲。生活属于它们两个，家庭由夫妻俩建立，真是个伟大的革新。我想在食粪虫里找到进行这样尝试的虫子，但是，你往后数，没有这样的例子；往上追溯，在相当长的时间内也没有，必须上到更高的等级里去寻找。

刺鱼是小溪里的一种鱼，雄鱼知道在刚毛藻和沼泽地筑一个巢穴，一个小笼子，让雌鱼来产卵；不过，雄鱼不知道分工，它一个人负起养育子女的重担，而母亲却很少操心。不过没关系，一步已经迈出去，不但是很大的一步，而且在鱼类中还是很引人注目的一步。鱼对家庭的温情是最冷淡的，它们用多产来代替养育和关怀，惊人的数量填补了父母技艺的贫乏，母亲只不过是个生殖工具而已。

有些蟾蜍也试着担起父亲的责任；再往后，就要等到鸟类这热衷于夫妻共同生活的行家出现了。鸟类所有的美德都表现在生活是属于两个人的，婚约把一对配偶缔结成两个对家庭繁荣同样热情的合作者，父亲和母亲一样，筑巢、觅食、分食，在小儿女们第一次试飞的时候在一旁守护。

在更高的动物等级里，哺乳动物以鸟类为榜样，并没有添加什么新的内容，相反，它还经常会简化。剩下的就是人了。在"人"这美好的称号中，对后代过度而从来不会消失的关爱是最高贵的。当然，令我们惭愧的是，有些人没有这种温情，倒退到连蟾蜍也不如。

在这一点上，粪金龟能和鸟类相媲美。筑巢做窝是夫妇俩共同的工作。父亲把筑巢穴地基的粪料收集起来，夯紧，踩实；母亲就粉刷墙壁，去寻觅新的食料，放到父亲的足下。夫妇俩合力筑成的居室，也是储藏粮食的仓库。它们虽然没有日复一日地供给食物，但口粮的问题还是解决了：两个合作者齐心协力，做出了这根丰硕的香肠。父亲、母亲都出色地完成了它们的任务，给幼虫留下了装得满满的食品柜。

这么一对夫妻一直维持着配偶关系，为了后代的舒适齐心协力，施展各自的手艺，确实是巨大的进步，也许是动物界里最伟大的进步。或许有一天，在那些独来独往的昆虫中会出现共同生活的夫妻，而这是一种天才的食粪虫首创的。可是，为什么这伟大的品质只是少数昆虫的特性，而没有一个种类到一个种类地，在同行中传开去呢？对圣甲虫和西班牙粪蜣螂来说，如果母亲不是一个人工作，而是有个帮手，那么它们节省下来的时间和体力并不会无所得吧？那样的话，生活会变得更美好，它们也可能会有更多的子女，这对种族的繁衍可是个不能小看的条件噢。

对粪金龟来说，它又怎么想到要合二人之力来筑巢做窝，为食品柜供应食物呢？本来漠不关心的父亲，其温柔的关爱甚至可与母爱相媲美，真是个重大、罕见的事件。如果可怜的调查方法允许，我真想去探究一下其中的原因。这时，我脑子里突出闪出一个念头：雄虫的个头大和它喜欢劳动，两者会不会有什么联系呢？因为生来就比雌虫更有力更强壮，所以这个一向游手好闲的人变成了勤劳的助手，喜欢工作是因为有过剩的体力要消耗。

小心哪，这看起来像那么回事的解释是站不住脚的。黑粪金龟雌雄两性的个头几乎没有什么差别，甚至常常是雌虫更有优势；然而，雄虫还是给了它的伴侣有力的帮助，它和大个子邻居雄粪堆粪金龟一样，喜欢当个挖井工人，干粗重的挤压的活。

我还有更有说服力的理由：对黄斑蜂这种纺棉织布或揉脂的蜜蜂来说，雄蜂的身材比雌蜂要大多了，它却完全游手好闲。它这么有力，身体强壮，但要它分担重活？去它的！羸弱的母亲累得要死；而它，结实的壮汉，却在薰衣草和石蚕的花朵上开心着呢！

所以，并不是身材优势把粪金龟父亲变成了家里的劳动力，一个为子女的舒适尽心尽力的人。就是我调查的结果，要继续尝试恐怕也是徒劳。我们并不知道禀赋才能的起源。为什么这里是这种天资，那里又是那种才能呢？有谁知道？我们甚至还能自以为有一天会知道吗？

不过，有一点很清楚：本能不受生理结构的约束。粪金龟们会永远声名远扬，昆虫学家们用放大镜一丝不苟地检查它们每一个细小的肢节，而且没有人还会怀疑它们在家庭生活中出色的特性。就像在平静的海平面上，突然耸起一座座陡峭而孤立的小岛，只要地理学家没有画出地图，人们就不可能预料到哪里还有这样的小岛；而本能的高峰，也就是这样从生活的海洋里冒出来的。

第十二章 　粪金龟的幼虫

粪金龟产卵虽然有迟有早，但在产卵期过后，卵的孵化都要一两个星期，通常是在10月的头两个星期。幼虫生长得很快，没过多久就能在它们身上，辨别出一种和其他食粪虫幼虫完全不同的特点来，让人觉得仿佛来到了一个丰富多彩、出人意料的新世界。幼虫身体对折起来，由于居室狭窄，它不得不弯成钩状；它慢慢地凿空它的屋子，香肠的内部也就随之消耗掉。圣甲虫、西班牙粪蜣螂和其他食粪虫的幼虫也是这样。不过粪金龟幼虫没有别的幼虫那么难看的隆背。它的背很规则地弯曲，没有褶裥，没有装水泥的仓库，表明粪金龟幼虫有不同的习性。是的，幼虫不懂得堵塞缺口的艺术。如果我在它待的位置将香肠开个口子，我看不到它出来，到缺口边打探，翻身，马上用装满水泥的抹刀来修补缺口。看起来，空气进去并不怎么让它觉得不舒服，或者说，在它的防御措施里并没预料到空气会进去。

确实，看看它住的地方吧，如果住宅不会开裂，那么粉刷匠糊墙缝的本事有什么用呀？这根香肠紧紧地压模在圆柱形的地洞里，依靠模具早就防止了裂成碎片的危险。圣甲虫的粪梨处在一个宽敞的地洞里，四周无拘无束，才经常会肿胀、裂开、剥落成鳞片；而粪金龟的香肠被紧紧地裹在一个套子里，不会出现变形。而且，如果偶尔有条缝隙出现，也没什么危险，因为目前是秋冬季节，土地总是凉爽的，没有必要再担心那些滚粪球工害怕的干燥问题。所以，它们并没有特殊的技艺来对付一个很少有可能出现，而且即使出现也几乎没什么影响的危险；它们也没有听话的肠来装备它们的抹刀，也没有难看的隆背作为水泥仓库。我刚开始研究的那种永不干涸的排泄大王消失了，取而代之的是一只机能适度的幼虫。

像它这样的大食客，隐居在一个与外界毫无联系的小屋里，很自然地，它完全不知道我们所谓的干净。不要以为这句话暗示它脏得令人恶心，浑身粘满了污秽之物；如果这样想，我们就大错特错了。再没有比它那光滑得像缎子一样的皮肤更干净更有光泽的。人们会想，这些以垃圾为食的虫子，究竟是通过什么样细心的清理，处在什么样优雅的位置，身上能保持得这么干净。假如在它们平常的生活环境以外看到它们，没有人会猜到它们是生活在肮脏之中。

再说，即使可以将在综合考虑后对昆虫有好处的优点称为缺点，那么，不干净在此也不适用。语言是反映我们思想的唯一镜子，但它很容易迷失方向，对真实的表达变得不忠实。如果用幼虫的观点代替我们的观点，将人摇身而变成食粪虫，那么，那些不中听的词语马上就消失了。

幼虫这个胃口很大的食客与外界没有联系，那么，它会怎么处理消化过的残渣呢？它不是将其清理掉，而是从中得益，就像别的关在蛹室里的隐士一样。它把垃圾用来堵塞隐庐的缝隙，给屋子垫上软垫，铺成软软的小床，这对它那娇嫩的皮肤来说是非常宝贵的；它还用这些残渣来建筑光滑的不渗水的小窝，能在漫长地昏睡的冬天里保护它。我早说过了，只要稍微把自己想象成食粪虫就能彻底地把语言颠倒过来。这讨厌、可恶的玩意变成了可贵的、对幼虫的安逸极其有用的东西。嗡蜣螂、西班牙粪蜣螂、圣甲虫和侧裸蜣螂，早已让我熟悉了它们的技艺。

粪金龟的香肠是垂直摆放的，或者差不多垂直，幼虫的孵化室位于下部。随着它的生长，它开始进攻上面的食物，不过却不冒犯周围的墙壁；它的房间很大，有厚厚的墙壁。圣甲虫的幼虫不需要越冬，它们的食物很少，小小的粪梨就是它们微薄的口粮，正好消耗光，只剩下一层薄薄的墙壁，它要花心思用厚厚的一层水泥来加厚、加固。

粪金龟的幼虫条件完全不同，它那根硕大的香肠，相当于圣甲虫幼虫的粪梨的十几倍。尽管它的胃口和大肚子很有天分，但要全部吃完，也是不可能的。所以，食物并不是唯一的问题，要度过冬天还有其他更严肃的事情。它们的父母早就预料到了冬天的严酷，给儿女们留下了抵抗寒冬的东西，那根特大香肠就是御寒的外套。

幼虫就这样慢慢地蛀蚀头上的食物，在香肠上凿了个勉强可以通行的通道，但不去触动厚厚的四壁，只是把中心部分吃掉。它一边在香肠里钻洞，一边又用肠里排出的残渣给围墙糊上水泥，垫上软垫。那种多余的产物就这么堆积起来，在身后形成一道防护墙。只要天气好，幼虫就在地洞里散步；它停在上面或下面，只用日益懒散的大颚啃咬食物。它就这么大吃大喝，过了五六个星期，然后寒冷降临，随之而来的是冬季的昏沉麻木。于是，在那个套子的下部，在那一堆已变成细石膏的消化物中，幼虫转动臀部，钻出一个光滑的小窝，然后又用一个圆床顶把自己盖起来，躲在弯弯的床顶下开始越冬，安安静静地沉睡。虽然父母在地下给它安家的时候洞挖得不深，感受得到冰冻的影响，但是父母至少还是知道给它准备多得出奇的粮食。正是大量的食物又让它在恶劣的季节里，有了一个温暖的栖息所。

12月，幼虫差不多老熟，如果温度适宜，现在该化蛹了。但是由于天气寒冷，幼虫出于谨慎，便推迟复杂的变态。它已经很强壮，而蛹这个新生命总是很娇弱的。幼虫可能比蛹更能抵抗寒冷，于是幼虫耐下心来，在昏睡中等待。我把它从它的小窝里取出来仔细观察。

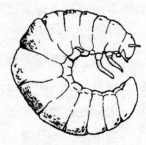

粪堆粪金龟的幼虫

幼虫的身体，背面往外突，腹面几乎是平的，像半个圆柱体一样，弯曲成钩状。它完全没有别的食粪虫幼虫的大隆背，也没有尾端的抹刀。它不懂得粉刷匠修补裂缝的艺术，所以储放水泥的仓库和修补工具也没有用处。

它的皮肤光滑洁白，身体后半部因为肠里装了黑东西才变成暗色。稀疏的纤毛有的长有的短，长在背面背中央。幼虫在窝里只能用臀部进行运动，这些纤毛似乎让它在移动时能方便一些吧。幼虫的头不大，淡黄色；颚很有力，颚尖颜色深一些。

我还是撇开这些没有多大意义的细节，来谈谈它胸部由于足而带来的主要特征吧。它的前两对足比较长，尤其是对像它这样一个常住在小窝里的昆虫来说很长。这两对足结构很正常，强壮得能让幼虫在香肠里爬行，把香肠吃成一个空套子。第三对足显得很特别，我还从没见过这样奇特的例子。

这是一对退化的足，生来就残缺不全，行动不便，在生长的过程中突然中断了，就好像一对残肢，已经没有生气了。这对足只有前两对足的三分之一长，更有甚者，这对足不是像正常的足那样朝下，而是朝上蜷曲，转向背部。这对足就这样奇怪地弯曲着，关节僵硬。我没见过幼虫用这对足。幼虫的其他器官还能辨认出来，就只有这对足退化了，苍白而没有生气。总之，我可以毫不含糊地用一个词来概括粪金龟的幼虫：萎缩的后足。这个特征这么明显，这么特殊，令人震惊，即使最没有观察力的人也不会看错。一只生来残疾而且是残疾得如此明显的幼虫，不能不引起人的注意。那些为它写书的作者，对此说了些什么呢？据我所知，什么也没有。我身边仅有的几本书，对此都缄口不语。不错，米尔桑描绘过粪堆粪金龟的幼虫，但他根本没有提及这异常的结构。那些仔细的描述是不是让他忽略了这畸形的结构？上唇、唇须、触角、体节和体毛的数目，什么都标出来了，都探测到了；而这对退化成残肢、没有生气的足，却闭口不谈。沙粒遮住了高山，我不想再去搞懂这一切。

我还注意到，粪金龟成虫的后足比中足更长、更强壮，力量可以和前足相比。幼虫萎缩的后足变成了成虫强健的压榨机，瘫痪的残肢转变成了有力的挤压工具，谁能告诉我，这些反常是从哪里来的？在开发粪堆的昆虫身上，我已经接连三次看到这种反常：圣甲虫幼时所有的肢体都很健康，而变成成虫后，前跗节就被截去了；嗡蜣螂的蛹胸部长了角，在最后进行装饰时却把这块毫无用处的厚肉抹去；粪金龟的幼虫是个跛子，而成虫却把没用的残肢变成有力的杠杆。最后一个是进化了，而前面两个却退化了。为什么残疾者会变健康，而健康的又变成残疾呢？

我们对天体进行化学分析，无意中发现星球诞生的时候是模糊的一团；但我们永远也不会知道，一只可怜的幼虫为什么一生下来就是跛子？去吧，潜水员们，去探测生命的秘密吧，跳进那深渊里，给我们带回一颗小小的珍珠也好，带回有关粪金龟和圣甲虫问题的答案吧。

在套子似的香肠的下部分，幼虫给自己收拾了一个小窝。当严峻的冬天来临的时候，幼虫会变成什么样呢？1895年冷得出奇的一二月会告诉我们。我的饲养笼一直放在露天里。有几次，温度降到了零下12摄氏度左右，天冷得像到了西伯利亚，我想去了解情况，观察一下在我那个防寒措施很差的笼子里，事情发展如何。

我没能做到。笼子里的泥土层被不久前的雨水湿润，现在已整个板结成了一大块，像块石头，必须用镐和凿子才能把土凿开。强行取出来是行不通的，镐敲击引起的震荡很可能把所有的昆虫都置于危险之中。再说，如果还有生命存留在冰块中，我这么把它取出来，温度的急剧变化也会让它受到伤害，还是等待泥土慢慢地自然解冻吧。

3月初，我又去探访我的饲养笼。这一回已经没有冰冻，泥土松软，容易挖掘。所有的粪金龟虫都死了，只留下一根香肠，差不多和我10月收集保管的香肠一样大。它们全都无一例外地死了，是因为寒冷吗？还是因为它们老了？

这时，以及再往后的四五月，新生的一代都还处在幼虫期，发育最快的也只是蛹态，但我已经能经常见到粪金龟成虫，开始干清洁工的重活。老一辈的粪金龟经历的是又一个春天，它们活得比较长，能认出它们的后代，和后代一起劳动，就像圣甲虫、西班牙粪蜣螂等食粪虫一样。这些早早出来的都是有经验的前辈们，它们之所以逃过了严峻的冬日，是因为能在泥土中钻得很深。而关在笼子里的粪金龟，因为没有足够深的地洞，都死了。当它们需要一米深的泥土来藏身的时候，却只有一拃深的泥土，所以，与其说我笼中的粪金龟是因为上了年纪而死去，还不如说是寒冷把它们杀死了。

低温对成虫来说是致命的，却冒犯不了幼虫。我10月里挖出来的几根香肠，就放在原地，可香肠里的幼虫如今状态还非常好。这个保护套充分发挥了作用，使幼虫抵御了对它们的父母来说致命的灾难。

还有一些11月加工成的圆柱形粪料，里面还包含着更引人注目的东西。在香肠下端的孵化室里，关着一枚卵，圆鼓鼓的，反射出光泽，情况很好，就好像刚生出来似的。这里面还会有生命吗？在一块冰块里度过冬天，还可能有生命吗？我不敢相信。倒是那根香肠看起来不太妙，因为发酵已经变黑，闻得到霉味，似乎不能当作幼虫的食物。

由于看到了卵的存在，我便带着碰碰运气的心理，把这些可怜的香肠放到瓶子里。我的小心是对的，那些胚胎，在经历了冬天那样艰苦的环境后，饱满的外表仍然没有骗人。它们很快就孵化了，5月初左右，迟生的幼虫差不多就发育得和那些秋季就孵化出来的哥哥一样好。从这个观察中，我发现了几个有趣的现象。

首先，粪金龟产卵自9月开始，延续得比较长，直到11月。在刚开始有白霜的时期，地面温度达不到孵化的要求，所以迟产的卵，不能和早生的卵一起迅速地孵化，只能等待好时光重新来临。它们中断的生命力，只要4月里几个温暖的日子，就可以重新苏醒，继续正常的发育，而且进展很快。尽管这些卵已耽搁了五六个月，但是当5月第一批粪金龟幼虫开始化蛹的时候，这些迟来的幼虫也发育得和别的幼虫差不多大小。

其次，粪金龟的卵能够忍耐寒冷的考验而丝毫无损。当我试图用泥水匠的凿子敲打冰块时，我不知道冰块里面的确切温度是多少，但是在室外，温度计的刻度有时降到了零下12摄氏度左右；而且，冰冻期持续了很久。可以相信，笼子里的泥土层也是同样的冷。然而，在这个已冻得像石头一样硬的冰块里，居然还镶嵌着粪金龟的香肠。

也许，由于纤维物质构成的香肠传导性不好，粪便建的围墙在某种程度上保证了幼虫和卵不被寒冷冻伤；它们如果直接经受寒冷的考验，肯定会成为牺牲品。但不管怎么样，在这样的环境下，刚开始很潮湿的圆柱形粪料，久而久之也会硬得像石头一样。在孵化室里和幼虫钻出来的小窝中，温度毫无疑问也降到了冰点以下。

那么幼虫和卵会怎么样呢？它们冻着了吗？看起来一切都证明是这样。胚胎，这最最娇嫩的生物，在幼体里的生命的开端，变得像小石头一样硬，然后又恢复了生命力，在解冻之后继续发育。我无法接受这种解释，然而，事实的确如此。如果要把粪金龟的香肠看作隔热屏，能够抵抗如此强烈、如此长久的冰冻，那么就得假设这些香肠具有不散热的特性，而这个特性是任何物质都不具备的。真遗憾，我没有找到有关温度的信息！不管怎么说，如果无法肯定整根香肠是否从内到外都冰冻了，那么有一点是可以肯定的：粪金龟的幼虫和卵都能在它们的保护套里，毫发无伤地忍受低温。

既然有了这个机会，那么我再说说关于昆虫的抗寒力。几年前，我在一堆泥土肥里寻找土蜂蛹的时候，收集了很多花金龟的幼虫。我把它们放在花盆里，加了几把腐烂的植物，勉强盖住它们的背。我本来想从那里得到一些那时我正关心的研究资料。那个花盆被我忘在露天里，在荒石园的一个角落。突然，寒冷、霜冻、大雪接连而来。我想起了我的花金龟，在这样的天气下，它们还没有得到好好的保护。我发现花盆里的东西，土、烂叶、冰、雪、干瘪的幼虫，都硬得成了个疙瘩，像个果仁糖，而幼虫就像那个果仁。经受这样的寒冷，里面的居民大概早死了。但它们并没有死，一解冻，那些冰冻的幼虫又复活了，开始挤挤搡搡，好像根本没有发生过什么大不了的事。

　　成虫的抗寒力比幼虫差。它慢慢变得成熟美丽，但组织器官也随之变得不那么结实强壮。1895年冬天，我的饲养笼因为没有安放好，给了我一个惊人的教训。为了进行研究，我把很多食粪虫集中到一起，有好几个种类，比如圣甲虫、西班牙粪蜣螂、嗡蜣螂，既有新出生的，也有老的。

　　所有的粪金龟全都死在变成石块的土层里，还有蒂菲粪金龟，也全部死了。这两种食粪虫都深入到北方生活，不惧寒冷。相反倒是那些南方的品种，如圣甲虫、西班牙粪蜣螂，不管是老的还是新生的，经历寒冬的情况都比我奢望的要好得多。这些虽然也死了很多，占了大多数，不过最终还有一些幸存者。我欣喜地看到，它们从僵硬中复苏，温暖的阳光一出来，它们就在阳光下跑动。到了4月，这些没有被冻死的虫子又开始工作了。它们告诉我，在可以自由行动的条件下，西班牙粪蜣螂和圣甲虫不需要挖很深的冬季宿营地，只要一层泥土屏障或某个避难角落就行了。它们掘土不如粪金龟灵巧，但它们生来便更能抵御一时的寒冷。

　　在结束离题话之前，我还要指出，种植农作物时不要指望寒冷能够把可怕的昆虫天敌清除。强烈持久的霜冻，深入地下，是能够消灭很多种钻得不够深的昆虫，但还是有很多虫子活下来。而且，幼虫，尤其是卵，在多数情况下，能抵抗最寒冷的冬天。

　　4月里，一有好天气，隐居在圆柱下端那个临时小窝里的两种粪金龟的幼虫，就结束了迟钝麻木的状态，活力又恢复了，胃口又来了。秋天大餐后剩下的残羹冷饭还很丰富，幼虫开始吃起来。这可不再是大吃大喝，而只是越冬和变态两次睡眠之间一顿简单的消夜而已。幼虫将香肠的墙壁吃得厚薄不匀，缺口打开了，墙面倒了，整个建筑很快就成了一堆无法辨认的废墟。

香肠还剩下面的一部分，还有几指宽的墙没有受损。那里堆积着厚厚的一层幼虫排泄物，是为最后的变态而保存下来的。幼虫在这堆残渣的中心挖了个小窝，小窝内壁被细心地打磨光滑了。挖出来的土屑就盖在小窝的上面，不再像越冬的小窝上盖着的普通床顶，而是一个坚固的盖子，外面像瘤一样突出，好似花金龟幼虫化蛹前在泥土肥里做的蛹室。这个盖子和剩下的香肠形成一间房子，让人想起鳃金龟的房子，鳃金龟的房子经常也是竖着一堆倒塌的圆柱形废墟。

幼虫就关在里面开始变态，它一动不动，身边没有任何食物。用不了几天，它身体最后几节体节的背部出现了一个水疱，水疱胀大，慢慢扩张到前胸，开始撕裂表皮。水疱被一种无色液体鼓胀起来，我能隐约看到像乳白色云状的东西，那是新器官的雏形。

水疱在前胸裂开，蜕下的皮慢慢被推到身后，最终露出了全身白色半透明的蛹。近5月初，我得到了最早的蛹。

四五个星期后，成虫出来了，鞘翅和腹部是白的，身体其他部分已有了正常的色彩。颜色变化很快完成了，6月还没结束，粪金龟已足够成熟，在黄昏时从地下冒出，开始飞跃，急着去干清洁工的重活。那些出生得晚一些的，卵过了冬季才孵化，当它们的兄长已经解放了的时候，它们还是白色的蛹。只有快近9月的时候，才轮到它们打碎出生的粪壳，参加田野里的清洁工作。

第十三章 🐝 蝉和蚂蚁的寓言

名声大多是靠传说故事传开来的；无论是在有关动物还是人类的故事中，都能找到无稽之谈的踪迹。尤其是昆虫，如果说它以某种方式引起了我们的注意，那是靠了民间传说才走运的，而民间传说却最不关心故事的真实性。

比如说，谁不知道蝉，没听过它的名字呢？在昆虫世界里，到哪里还能找到像它那么出名的昆虫呢？它那爱唱歌不顾将来的故事，早在我们开始训练记忆时起，就被作为素材了。朗朗上口的短小诗句告诉我们，严冬到来的时候，蝉跑到邻居蚂蚁家去乞讨。这乞丐不受欢迎，得到的是一个令人心碎的回答；而这正是这个昆虫出名的主要原因。那两行短短的答话粗俗而粗鲁：

> 你过去唱歌的呀！我很高兴。
> 那么，你现在就跳舞去吧！

这两句话给昆虫带来的名声，远远超过了蝉高超的演奏技巧。它钻进儿童的心灵角落，再也不会出来了。

蝉生长在有橄榄树的地区，大多数人都没听过蝉的歌声，可它在蚂蚁面前那副沮丧样却老少皆知。名声就是这么来的！一个严重违背道德和自然史的传说，一个大可非议的传说，一个只适合奶妈讲述的小故事，居然就这样造出了名声。而这名声，就像小拇指的

南欧熊蝉

靴子和小红帽①的饼一样，顽固地支配着岁月留下的破碎记忆。

儿童是恋旧的人，习惯和传统一旦保存到他们记忆的档案中，就会变得难以摧毁。蝉这么出名，应归功于儿童。他们刚开始试着背书时，就结结巴巴地背诵蝉的不幸。有了儿童，寓言中那些粗浅无聊的奇谈怪论就会保存下来。说什么蝉会在寒冷的冬天挨饿，尽管冬天没有蝉；蝉会求人施舍几粒麦粒，尽管这食物根本不适合它娇弱的吸管；蝉还会乞讨苍蝇和小蚯蚓，尽管它从来不吃苍蝇和小蚯蚓。

这种荒唐的错误，究竟责任在谁？拉·封登。虽然他的大多数寓言观察细致入微，令我们着迷，但在蝉这件事上他却考虑欠周。他寓言里的前几个主角，如狐狸、狼、猫、山羊、乌鸦、老鼠、黄鼠狼，还有很多别的动物，他都非常了解，因此描述起来准确细腻，饶有趣味。这些都是他熟悉的动物，是他的邻居和常客，它们的集体生活和私生活都发生在他的眼前；但是，在兔子雅诺②蹦跳的地方，蝉是个外乡人，拉·封登从来没听到过它的歌声，也从来没见过它的身影。他心目中这个著名的歌手肯定是蝈蝈儿。

格兰维尔③绘制的插图，狡黠刁钻的铅笔线条与著名的寓言可谓相得益彰，但他犯了同样的错误。在他的插图里，蚂蚁穿得像个勤劳的主妇，站在门槛上，身旁是大袋大袋的麦粒；乞食者伸着脚，

① 小拇指和小红帽：法国童话故事作家佩罗的童话中的人物，收在《鹅妈妈的故事》中。——译注
② 兔子雅诺：拉·封登寓言中的主人公。——译注
③ 格兰维尔（1803—1847）：法国画家，画风怪诞，富于想象。为拉·封登的《寓言集》配过插图。——译注

哦，对不起，伸着手，蚂蚁不屑地扭转身去。蝉头戴18世纪宽边女帽，胳膊下夹着吉他，裙摆被北风吹得贴在腿肚子上。这就是这个角色的模样，而这完全是蝈蝈儿的形象。和拉·封登一样，格兰维尔也不知道蝉的真正模样，倒是出色地再现了那个普遍的错误。

拉·封登这个浅薄的小故事，不过是拾另一个寓言家的牙慧。描写蝉遭受蚂蚁的冷遇的传说，如同利己主义，也就是如同我们的世界一样历史悠久。古代雅典的孩子们，背着装满无花果和橄榄的草编筐去上学，就已经把它当作背诵的课文在口里嘟囔了："冬天，蚂蚁们把受潮的粮食放到太阳下晒干。突然一只饥饿的蝉来乞讨，它请求给几粒粮食。吝啬的收藏家回答说：'夏天你在唱歌，那冬天你就跳舞吧。'"这情节枯燥了些，而且有悖常理，可这正是拉·封登寓言的主题。

但是，这个寓言是出自希腊，一个盛产橄榄和蝉的国家呀。那么，伊索①真的如传说那样是这寓言的作者吗？我很怀疑。不过，没什么关系。作者是希腊人，是蝉的老乡，他应该对蝉有充分的了解。即使在我们村里也没有那么见识贫乏的农民，会不知道冬天是绝对没有蝉的。临近寒冬，需要给橄榄树培土。这时节，那些经常翻弄土地的人，都会认得铲子挖掘出来的蝉的若虫；他在路边无数次看到过这种若虫，知道到了夏天，它是怎样从自己挖的圆井洞里钻出地面，又怎样挂在细树枝上，从背中间裂开，把比硬羊皮纸还要干的外壳蜕去，变成由浅草绿色旋即转成褐色的蝉。

那么，阿提卡②的农夫也不会是傻瓜，连最缺乏观察力的人都不可能错过的，他当然也会注意到；他也知道翻耕土地的乡亲们很清

① 伊索：约公元前6世纪的古希腊寓言家。——译注
② 阿提卡：希腊半岛，雅典位于此半岛上。——译注

楚的事。创作这个寓言的文人，不管他是谁，都有最好的条件了解那些事情。那么他故事里的谬误是从何而来呢？

古希腊的寓言家比拉·封登更不可原谅，他只讲述书本上的蝉，而不去询问就在他身边像锣钹般喧嚣的蝉；他不关心现实，只因循传统。他只是一个陈年旧事的应声虫，复述从可敬的文明源头印度传来的故事。印度人用笔描述的主题，是展示没有远见的生活会导致怎样的苦难；可是古希腊寓言家似乎没有真正搞懂故事的主旨，还以为自己运用的这个小小的场景，比昆虫的谈话更接近真实。印度人是动物们伟大的朋友，不会出现这样的错误。这一切似乎都表明：最初寓言的主角并不是蝉，而很可能是另一种动物，正如人们想象的是一只昆虫，它的习性恰好与寓言中的昆虫非常符合。

这个古老的故事，曾在很多个世纪里引起印度河两岸哲人的深思，也让那里的孩子们得到了乐趣。它也许和历史上某个家长第一次提出厉行节约一样年代久远。这个故事从上一代的记忆中传到下一代的心里，有的还保持原貌，有的就传得走了样；而传到希腊时，故事已失去原味了。就像所有的传说一样，为了适应当时当地的情况，细节已被岁月的流水磨损。

希腊人在乡间见不到印度人说的那种昆虫，就随随便便地把蝉给放了进去，就像在"现代雅典"巴黎一样，蝈蝈儿代替了蝉。坏名声就这样形成了，错误刻进了孩子们的记忆中，再也抹不去。从此，谬误压倒了真实。

我将设法给这个被寓言诋毁的歌唱家平反。确实，它是个讨厌的邻居，我毫不迟疑地承认。每年夏天，它们被我家门前两棵高大葱郁的法国梧桐吸引，数以百计地前来安家；它们从早到晚地不停地鼓噪，敲打着我的耳膜。在震耳欲聋的奏鸣曲中，我根本不可能思考；思路在晕乎乎地飘忽旋转，怎么也定不下来。如果不利用早晨的几小时，整个白天就会白白浪费。

嗨，着了魔的虫子，你是我家的祸害，我多么想住宅安静呀。可有人说，雅典人把你养在笼子里，好随时欣赏你们的歌唱呢。饭后消化打盹时，有一只蝉在鸣叫也就罢了，可我聚精会神想问题时，几百只蝉一齐奏乐，震得我鼓膜发胀，简直如同酷刑啊！可你却振振有词，理由充足，是你先占领这里，鸣叫是你的权利。在我来之前，这两棵大树是完全属于你的；而我却反倒成了树荫下的入侵者。好吧，就算你说得有理；不过，为了替你写故事的人，还是调弱你的响钹，压低一点振音吧。

事实的真相否定了寓言家的肆意杜撰。尽管蝉和蚂蚁有时是有一些关系，但关系并不那么确定；唯一确定的是，这关系恰恰与寓言家告诉我们的相反。这关系并不是蝉主动去建立的，为了活下去，它从不需要别人的帮助。反倒是蚂蚁，这个贪婪的剥削者，把一切可吃的东西都囤积在自己的粮仓里。不管什么时候，蝉都不会跑到蚂蚁门口去乞讨，也不会老实地承诺连本带息一起归还；恰恰相反，是蚂蚁，饿得饥肠辘辘去求歌唱家。我说的是"求"！"借"和"还"从来不会出现在强盗的习性里。它在剥削蝉，而且还厚颜无耻地把蝉抢劫一空。这种抢劫，是个奇特的历史问题，至今还不为人所知。

7月的下午热得令人窒息，一般的昆虫干渴乏力，徒劳地在干枯萎谢的花朵上转悠，想找水解渴。但蝉对普遍的水荒一笑置之，它用小钻头一样的喙，刺进取之不尽的酒窖中。它在小灌木的一根细枝上站定，一边不停地唱着歌，一边钻透坚硬平滑、给太阳晒得汁液饱满的树皮。然后，它把吸管插到钻孔中，一动不动，聚精会神，津津有味地畅饮，沉浸在糖汁和歌唱的甜美中。

我再观察一会儿，说不定就能看到意想不到的灾难呢。果然，一大群口干舌燥的家伙在东张西望地转悠，它们发现这口井，井边渗出来的汁液把它暴露了。这群家伙蜂拥而上，开始还有些小心翼翼，只是舔舔渗出来的汁液。我看到匆忙赶到甜蜜的井口边的，有胡蜂、苍蝇、球螋、泥蜂、蛛蜂、花金龟，最多的是蚂蚁。

那些小个子为了走近清泉，便钻到蝉的肚子下，蝉宽厚地抬起足，让不速之客自由通过；那些大一点的昆虫，不耐烦地跺着脚，快速地吸了一口就退开，到旁边的树枝上去兜一圈，然后更加大胆地回来。它们越发贪婪起来，刚才还有所收敛，现在已变成了一群乱哄哄的侵略者，一心要把开源引水的凿井人从泉水边赶走。

在这群强盗中，最不罢休的是蚂蚁。我曾看见它们一点一点地咬蝉的足尖，逮着正被它们拉扯的蝉的翅尖，爬到蝉背上，挠着蝉的触角。一只大胆的蚂蚁就在我的眼前，竟然抓住蝉的吸管，拼命想把它拔出来。

巨人给小矮子烦得没了耐心，最终放弃了水井，朝这群拦路抢劫的家伙撒一泡尿逃走了。可是对蚂蚁来说，这种极端的蔑视算得了什么呢？它的目的达到了，它现在是这口井的主人。但是，没有转动的水泵从井里汲水，井很快就会干涸。井水虽少，却甘美无比。等以后有机会，再以同样的方式去喝上一大口。

大家看到了，事实的真相把寓言里虚构的角色彻底颠倒过来：肆无忌惮、在抢劫的时候毫不退缩的求食者，是蚂蚁；而甘愿和受苦者分享成果的能工巧匠，是蝉。还有一个细节，更加能说明角色的颠倒。歌唱家在五六个星期里长时间地欢腾之后，生命衰竭，从树上掉下来，尸体被太阳烤干，给来往行人践踏，又被这个总在寻找战利品的强盗碰上了。蚂蚁把这丰盛的食物撕开，肢解，剪碎，分成碎屑，运回去充实它的储藏仓。更有甚者，垂死的蝉，蝉翼还在尘埃中微微颤动，就有一队蚂蚁在拖曳，把它肢解开来。那时的蝉真是满心忧伤啊。这种残酷行径，才真正体现了这两类昆虫之间的关系。

　　希腊罗马时代的人们对蝉的评价很高，被称为"希腊贝朗瑞"的阿那克里翁①，为蝉作了一首颂歌，夸张地大肆赞扬蝉。他说："你几乎就像诸神一样。"诗人给予蝉神一样的尊荣，但理由却不恰当。他认为蝉有三个特性：生于泥土，不知疼痛，有肉无血。不要去指责诗人的错误，这不过是那时的普遍说法而已；而且这个错误在观察的眼睛睁开之前，已经流传很久了。再说，在强调措辞与和谐的小诗句里，人们不会那么细致地注意到这一点。

　　即使在今天，和阿那克里翁一样对蝉很熟悉的普罗旺斯诗人，在歌颂蝉的时候，也并不怎么关心真实的蝉。不过，这个批评不适合我的一位朋友。他是热情的观察家，也是一丝不苟的务实派。他准许我从他的文件夹里抽出一首普罗旺斯语作品。在诗中，他以十分严谨的科学态度，着重描写蝉和蚂蚁的关系。诗意形象和道德评判由他负责，这些精致美丽的花朵，和我的博物学园地无关。不过，我得承认，他的叙述非常真实，符合我每年夏天在荒石园里的丁香树上看到的情况。我把这首诗的法语译文附在后面，许多地方只是意思大致相近，因为普罗旺斯语在法语里并不总是能找到对等的词。

---

① 贝朗瑞（1780—1857）：法国歌唱家。　　阿那克里翁（前6世纪）：希腊抒情诗人，诗歌多以醇酒和爱情为主题。——译注

蝉和蚂蚁

一

上帝啊，真热！可这是蝉的好时光。
它快乐得发狂，尽情享受
那似火的阳光；真是收获的好季节啊！
在那黄金般的麦浪里，收割者
弯着腰，弓着背，辛苦劳动，不再歌唱：
干渴啊，把歌声掐死在了喉咙里。

这是你的好时光啊。可爱的蝉，勇敢些，
让你的音钹响起来吧，
扭起你的肚子，鼓起你的两面镜子^①。
收割的人挥舞着镰刀，
刀头啊不停地翻动，刀刃
在金黄的麦穗中闪光。

割麦人腰间挂着小水罐，
罐口塞着草，罐里装满水。
磨刀石待在木盒里，凉快得很啊，
还能不停地饮水；
可人在火样的日头下喘着气，

---

① 音钹、镜子：均为普罗旺斯语中对蝉的身体部位的称呼，与发声有关。——译注

骨髓仿佛都快给煮沸。

蝉儿，自有解渴的妙法：你用尖尖的嘴戳进
细树枝鲜嫩多汁的树皮里，
钻一口井，
糖汁从细细的管道涌出。
甜蜜的泉水汩汩流淌，你凑近去
美美地吸吮玉液琼浆。

日子不总这么太平，哦，绝对不！那些强盗，
附近的，流浪的，
看着你挖井。它们干渴难耐啊，跑上来，
想要与你分一滴蜜浆。
当心，我的小可爱，这些囊中空空的家伙
先是卑谦，很快就会成为无赖。

开始只求饮一口，然后就要残羹剩饭；
进而不再满足，抬起头，
想要全部霸占。利爪似耙
搔弄你的翅尖。
爬上你宽宽的背脊；
还抓你的嘴、扯你的角、踩你的脚。

强盗将你四处乱拽，让你心烦意乱。
嘘嘘！撒一泡尿

向这些家伙喷过去，然后离开，
远远地离开这群
抢夺水井的败类。
它们浪笑着，寻欢作乐，
舔着唇上的蜜浆。

在这些不劳而获吸人血汗的流浪汉里，
最不甘罢休的是蚂蚁。
苍蝇、黄边胡蜂、胡蜂、害鳃金龟
这各式各样的骗子、懒鬼，
全都是给那大太阳赶到你的井边，
却不像蚂蚁，一心要赶你走。

踩你的脚趾，抓你的脸，
戳你的鼻子，
就为了赶走你呀，这无赖真没人能比。
恶棍把你的爪子当梯子，
胆大包天地爬上去。爬上你的翅膀，
蛮横无理地散步，惹恼你生气。

二

以前那些老人们说的都不可靠。
他们告诉我们说，
冬日的一天，你饥肠辘辘，低头弯腰，

偷偷地前往
蚂蚁巨大的地下粮仓。

大堆的麦粒还没往地窖里藏，
已经沾湿夜晚的露霜，
此时正摊在太阳下翻晒，
等到晒干装进粮袋。
这时你突然来了，眼泪汪汪。

你对它说："这天多冷，北风
呼呼直响，我
快饿死了。你积粮堆成小山
让我装一布袋吧。
我会归还的，在甜瓜成熟的时光。"

"借我一点儿麦粒吧。"还是快走吧，
别以为这家伙会听你讲，
别再骗自己了。那大包大袋的食粮，你休想得到一粒。
"滚远些，去刮桶底吧；
夏天只管唱歌，冬天饿死活该！"

那古老的寓言就是这么说的，
它教我们学那吝啬鬼
幸灾乐祸地系紧钱袋
……让这些笨蛋

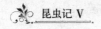

也尝尝饿痛肚子的苦头吧!

这些寓言家让我愤懑不平，
说什么你大冬天去寻找
苍蝇、小虫和麦粒，这些你可是从不吃的啊。
麦粒! 你要来做什么?
你有自己的甘泉，再也不要别的。

冬天又有什么意义? 你的子孙
在地下酣睡香甜，
而你也长眠将不再醒来。
你的尸体掉下来，化为碎片。
一天，四处猎食的蚂蚁，看见了你的尸骸。

就在你干瘦的皮囊上，
这些恶棍拼命争抢;
挖空你的胸脯，把你切成碎片，
当作腌肉储藏。
这可是下雪的冬天最好的食粮。

三

这就是真实的故事，
与寓言说的完全不一样。
你们这些该死的作何感想?

哦，你们这些专捡小便宜的，
手上带钩，大腹便便，
想用保险箱来统治世界。

你们这些恶棍还放出流言，
说什么艺术家从不干活，
愚蠢的家伙活该遭殃。
闭上嘴吧，
蝉钻透树皮出酒，
你夺它的饮料；它死了，
不糟蹋它你还心不甘。

　　我的朋友就用他那富有表现力的普罗旺斯俗语，为被寓言家诋毁的蝉平了反。

第十四章 🪲 蝉出地洞

如果弟子并不比师父知道得更多，在雷沃米尔之后再来讲蝉的故事也许就没有多大意义。他这个说故事的能手，研究的素材来自我的家乡，马车运去的标本浸在三六烧酒里。而我则和蝉生活在一起，实地观察它。7月到来，蝉就占领了荒石园，甚至我家的门槛。我的隐庐属于我和蝉。我是屋里的主人；而在屋外，它是绝对的主人，吵吵嚷嚷，让人生厌。这么近的邻里关系，这么频繁的往来，我可以深入了解蝉的某些细节；雷沃米尔则没有这样的条件。

夏至时分，最早的蝉出现了。在阳光暴晒、人来人往、踩得结实的小路上，地面上出现了一些指头粗的圆孔，蝉的若虫就从地底通过这些圆孔爬到地面羽化成蝉。除了农作物生长的地面，圆孔随处可见。它们通常位于最热最干的地方，尤其是路边。若虫有锐利的工具，可以穿透泥沙和干土；它喜欢从最硬的地方钻出地面。

荒石园里有条小径，一堵朝南的墙把阳光反射到小径上，小径酷热无比，变成了小塞内加尔。小径上布满了蝉出地洞时钻的圆孔。7月的最后几天，我开始着手考察它们刚离开不久的地穴。泥土粘得很紧，我得用镐来刨地。

地洞口是圆的，直径约2.5厘米。圆孔四周没有蝉清理出的杂物，没有被推到外面来的小土丘。蝉的洞不像粪金龟这些挖洞能手的洞上面有一堆土。这种差异可以用两者的工作进程来解释。食粪虫是从地面钻到地下，它一开始就挖地洞的入口，可以让它重新上来，运出来的土也就堆积在地面。蝉的若虫则恰恰相反，是从地下上到地面，最后才打开洞口，洞口不可能用来堆积清理出的土块。前者是进洞，才在门口堆了一堆土；后者是出洞，不可能把还不存在的东西堆积在门口。

蝉的地洞深约40厘米，圆柱形，根据土质而略有弯曲，但总近于垂直，这是路程最短的方向。地洞里上下通行无阻，如果人们想在地洞里找到挖掘时应该堆积的土块，那是徒劳，什么地方都看不到土堆。洞底是个死胡同，形成略为宽敞的穴，四壁光滑，没有与延伸地道连通的迹象。

根据地洞的长度和直径，若虫挖出来的土块有200立方厘米左右。这些土都到哪里去了呢？在干燥易碎的土中挖洞，如果除了钻孔外再没插进其他的活，那么这个地洞和洞底穴窝的墙壁都应该有粉末，容易塌方。我十分惊奇地发现，洞壁被粉刷过了，涂抹上了一层泥浆。洞壁谈不上光滑，离光滑还差得远，但是粗糙的洞壁已经盖在一层涂料之下；那摇摇欲坠的沙土，混合着黏合剂，被粘在原处。

若虫在地道里来来去去，爬到靠近地面的地方，又下到避难的洞穴底；但是它那带爪的足居然没有引起塌方，没有堵塞地道，让它不能上也不能退。矿工用支柱和横梁支住矿井四壁；隧道建设者用砖石加固地道；蝉的若虫是同样聪明的工程师，它把它的地道用泥浆糊上，让地道在长期的使用中总是畅通无阻的。

如果若虫为了爬到临近的小树枝上去羽化而冒出地面时被我突然看到，它就会马上警觉地缩回去，毫无困难地退到洞底。这就证明，即使是在一个即将被永远抛弃的地洞里，也不会有土堆堵塞。

这个上行的通道，并不是若虫急着想见到阳光而仓促挖掘的即兴作品；这是一个真正的地下城堡，一个若虫要长期居住的隐蔽所，粉刷过的墙壁可以证明。如果这只是个一钻好马上就要抛弃的出口，那样的细心是没有必要的。毫无疑问，它就像一个气象观察站，蝉可以在那里了解外面的天气。若虫老熟了要出洞，但是在深深的地底下不大可能判断天气条件好不好。地底的气候变化很慢，不能提供准确的指示，而这恰是它生命中最重要的行为——来到阳光下羽化，必须知道的。

所以它耐心地用几个星期，也许几个月的时间，挖土清路，巩固垂直的洞壁；但并不挖到地面，而是和外界隔着一层一指厚的土。在洞底，它花更多心思修筑了一个小窝。那是它的避难所，它的等候室。如果它得到消息建议它推迟迁居，它就栖息在那里。只要稍微预感到有了好天气，它就爬到高处，透过那盖子似的薄薄一层土来探听，了解空气的温度和湿度。

如果天气不理想，会刮风下雨，这对纤弱的若虫蜕皮来说，是件严重而致命的事，它会谨慎地重新爬回洞底等待。如果天气条件有利，若虫就用足推开天花板，从地洞里钻出来。

一切都证明，蝉的地洞是个等候室，一个气象站；若虫长期驻守在那里，时而爬到靠近地面的地方来了解外面的气候，时而又下到地底，更好地躲藏起来。蝉选择地底作为临时栖息地，并在洞壁上涂上涂料以防倒塌，这些都容易解释。

然而，挖出的土不见了，就不那么容易解释了。一个洞平均会有200立方厘米的土，这些土变成什么啦？外面没有与之体积相当的土，里面也没有。再说，在干得像炉灰一样的洞里，怎么会有涂在洞壁上的泥浆呢？

那些蛀蚀木头的幼虫，比如天牛和吉丁的幼虫，似乎应该可以回答第一个问题。它们在树干里前进，一边挖洞，一边把挖出的东西吃进去。这些东西一小块一小块地被那些幼虫的大颚咬下来，进行消化，穿过垦荒者的身体，滤出微薄的营养成分，又堆积在虫子的身后，彻底堵塞了通道，幼虫也就不再从这里过去。这种由大颚或者胃进行的最终分解，可以把那些消化过的物质，压缩得比没被触碰过的木质还要紧密。这样压缩过后，幼虫就在地道的前方有了一个工作的孔穴，一个很短的小室，勉强够关在里面的囚犯行动。

蝉的若虫不就是用类似的方式钻洞的吗？不错，但它挖出来的土没有被吸收，即使是最松软的腐殖土，也绝对不会进到它的胃里去；但说到底，土屑不就是随着工程的进展被弃在身后了吗？

蝉在地下要待四年，这漫长的日子当然不是在我刚才描述的洞底度过的，地洞只是它准备出来时的临时居所。若虫是从别处而来，也许从很远的地方而来。它是个流浪儿，它把吸管从一根树根上插到另一根树根上。它迁徙，有的是冬天的时候为了从寒冷的上层土地里逃开，有的是为了定居在一个更好的酒吧；当它移居的时候，它就给自己开出一条路，把它用镐尖撼动过的东西扔在身后，应该是毫无疑问的。

像天牛和吉丁的幼虫一样，这个流浪者运动的时候，周围只需要很小的自由空间。湿润、柔软、容易压缩的泥土，对它来说，就是别的幼虫已经消化过的木头糊。这些泥土可以毫无困难地压缩得更紧密，留出空旷的场地。

困难是来自他处。蝉的地洞是在干燥的土中挖出来的，只要土是干的，就很难压缩。如果若虫开始挖地道的时候，就把一部分挖出来的土抛到身后，也不是没可能，尽管事态还没什么提供证明；但如果你考虑一下，地洞的容积和为大量的土屑寻找场地的难度，你就会怀疑："这些挖出来的土屑，得要一个宽敞的空地来存放，这个空地也要搬走别的同样难以搁置的废土才能得到，而处理这些废土又是以另一个场地的存在为前提，才能把这个场地挖出的土推到那里去。"人们就在这样一个难以驾驭的圈子里打转，可见，单单把压缩起来的粉状土屑抛到身后，并不足以解释这样大的空间从何而来。要把拥塞的土清理掉，蝉应该有特殊的办法。我试着来揭穿它的秘密。

仔细观察一下刚出地洞的若虫，几乎所有的若虫都或多或少地沾满了泥浆，有的干有的湿。它用来挖掘的前足尖沾满了一粒粒的淤泥，其他几足像戴了泥手套，背上也是黏土。它就像一个通水沟的工人，刚在淤泥中搅和过。从那么干燥的土地里钻出来，若虫身上居然有泥渍，真是令人震惊。你本来以为会看见它满身粉尘，结果却发现它浑身泥浆。

蝉的若虫

往这条路上再走一步，地洞的问题就解决了。我把一只正在加工地洞的若虫挖出来。当地面没什么能指导我的研究时，去追求意外的发现也许是毫无用处的，然而这偶然的发现却从很远的地方给我带来了财富。运气不错，若虫刚开始挖掘，我就有了新发现。大拇指长的地洞，没有任何杂物，洞底是休息室，这就是目前的工程状况。工人怎么样呢？喏，在这里。这只若虫的体色比出洞出时的若虫白多了，眼睛大大的，近乎白色，混浊不清，似乎看不见东西。在地下，视力有什么用呢？但出了地洞的若虫眼睛黑黑的，发着光，说明能看见东西。这只未来的蝉一出现在阳光下，就得找一根树枝悬挂起来，进行羽化，那时视力对它才有明显的用处。只要看看蝉在准备解脱期间视力的成熟过程，就可以知道若虫不是仓促之间即兴挖掘上升地洞，而是劳动了很长时间。

此外，这只苍白的盲眼若虫比老熟时体积要大很多。它浑身胀满了液体，就像得了水肿病。把它抓在手里，尾部还会渗出清澈的流休，把它全身弄得温温的。这种流休，是肠排出来的，是不是分泌出来的尿液呢？或者只是只吸收汁液的胃消化后的残汁？我不能肯定，为了方便叙述，我将它称为尿吧。

好了，尿液就是谜底。在向前挖掘的时候，若虫把尿浇在粉状的泥土上，把它变为泥浆，用身体的压力马上把泥浆粘在洞壁上，那有弹性的黏土就紧贴在原来干燥的泥土上。泥浆渗透到粗糙的土缝里，搅拌得最稀的泥浆渗透到最里面，剩下的再被幼虫挤紧、压缩，涂在空余的间隙里。若虫就这样有了一条畅通的通道，粉状的废土被就地利用，转化成泥浆，泥土比没被穿透之前更紧密、更均匀。

若虫就是在这黏糊糊的泥浆中劳动，这也就是为什么当人们看见它从干燥的土地里钻出来时竟然满身污泥。即使是成虫，虽然完全摆脱了矿工的重活，也并没完全放弃它的尿袋；它们把剩下的尿液保存起来作为防御工具。如果它被不知趣的人凑近观察，它就会向那人射出一泡尿，然后猛然飞走。蝉尽管性喜干燥，但是在两种形态中，它都是很有经验的灌溉家。

虽然若虫浑身积满了水，但它还是不可能有那么多的液体，能够把地道里的一长柱泥土都润湿，变成容易压缩的泥浆。蓄水池干了，要重新蓄水时，它从哪里蓄水，怎么蓄水呢？我想我找到了答案。

我小心地把几个地洞整个挖开，在洞底小窝的壁上，我都会看见一根有生命力的树根嵌在那里。树根有时有笔管那么粗，有时只有麦秸那么粗。树根露在地面看得见的部分不是很长，才几毫米，剩下的都深入到周围的土里。汁液的源泉是偶然的呢，还是若虫特地挑选的？我倾向于后一种答案，至少当我小心挖掘蝉的地洞时，植物的侧根就一再出现。

是的，蝉在为以后的地道开始凿洞的时候，总是寻找一个靠近清凉根须的地方；它把须根刨出来一部分，嵌在洞壁上，并不让须根突出来。我想，洞壁上这个有生命的地方，就是一个活泉，当需要时，若虫的尿袋就从中得到更新补充。在把干土变为泥浆之后，这个矿工的蓄水池干了，就下到洞底，插进吸管，从嵌在墙上的大桶里饱饱地吸一顿。等它把自己的水壶灌满了，便又爬上去，重新开工，把硬土弄湿，用足拍打，拍成泥浆，再把周围的泥浆压紧。就这样，蝉有了上下自如的通道。事情大概就是这样发展的，虽然没有直接观察，但是，逻辑推理可以证明。

如果没有像盛满水的水桶那样的须根，而若虫体内的蓄水池又干了，会发生什么事呢？下面的实验会告诉我们。一只若虫在出地洞的时候被我抓住了，我把它放到试管底，用一试管的干土把它埋起来。这一试管土有1.5分米高，土压得并不紧。这只若虫刚抛弃的地洞是试管的3倍多高，而且天然土质比起试管里的土要紧密得多。现在它被埋在浅浅的粉状泥土之下，能够再爬到外面来吗？如果只要有力气就可以挖地道，那么出来是肯定的。对刚在坚硬的泥土中挖洞的人来说，一个并不坚固的障碍算得了什么？

不过，我却抱怀疑态度。为了推倒把它与外界隔开的天花板，这只若虫已经把它最后的液体储蓄都耗光了。它的水袋已经干了，由于没有活的须根，它没有办法再把水袋装满。我怀疑它不会成功是有理由的。果然，三天之内，我看见这只被埋在土下的虫子耗尽力气，也没有爬上一拇指的高度高。那些土被它撼动，但是没有黏合剂，不能就地黏合，马上又散开，倒下来，掉到若虫的足下。这是没有什么成效的工作，要不停地重新开始。第四天，它死了。

如果若虫有装满的水袋，结果就完全不一样。我把一只刚开始进行解脱工程的若虫拿来做同样的实验。尿液把若虫全身都散胀起来，而且还在往外渗，把它身上都打湿了。对这只若虫来说，这活很容易。人造土几乎没有阻力，矿工只要从水袋里倒出一点水来，就能把干土变成泥浆，黏合起来，再把它们摊开。地道打通了，不过很不规则，若虫不断往上打洞，身后的地洞几乎就马上堵住了。若虫好像也了解它不可能更新自己储存的液体，为了尽快从一个陌生的环境中出来，它非常节省地使用现有的那一点点储备，只在最需要的时候消耗一点点。就这么精打细算，12天之后，这只若虫终于爬到了地面。

第十五章 🪲 蝉的羽化

出洞口一破，就这么大大敞开被蝉抛弃，就像是很粗的钻头钻出来的孔一样。若虫出来后，在附近徘徊片刻，寻找空中立足点：一棵小荆棘，一丛百里香，一根禾稿秆，或者一枝灌木丫。找到了，它就爬上去，仰着头，用铁钩一样的前足牢牢抓住不放。如果树枝够大，那么其他的足也撑在上面；否则，它只要两个足钩住就行了。接下来它用前足牢牢地悬挂在树枝上，休息一会儿。

中胸最早开始蜕皮，先从背上的中线裂开，裂口的边缘慢慢拉开，露出淡绿色的成虫。同时，前胸也开始裂开，纵向的裂沟向上延及头后，向下伸到后胸，就不再扩张。接着头罩横向从眼前裂开，露出红色的眼睛。外皮裂开后露出来的绿色蝉体鼓胀，尤其在中胸形成鼓泡。鼓泡缓缓颤动，因为血的涌入和回流而一胀一缩。这个一开始看不出作用的鼓泡，不久会变成一个楔子，沿着两条阻力最小的十字线把护胸甲撑裂。

蜕皮进展得很快，现在头自由了，喙和前爪也慢慢从壳里出来。蝉体水平悬挂，腹面朝上。慢慢地后足也从撑开的蝉壳中露出来，后足是最后解脱出来的。这时，蝉翼还涨满了液体，皱巴巴的，像弯弓状的残肢。羽化的第一阶段只需要十分钟。

第二阶段要久一些。除了尾部一直嵌在蝉壳里，这时蝉已经完全自由，蝉蜕继续牢牢地缠在树枝上，在干燥的空气中迅速变硬，一动不动地保持原来的姿势。蝉蜕是进行下一个动作的支撑基地。

因为尾部还没蜕下来，蝉仍然待在它的旧衣服里。它垂直翻身，头朝下。蝉体颜色淡绿带黄。之前蝉翼一直紧紧缩在一起，像肥大的残肢，这时也伸直了，因为液体的涌入而张开。这缓慢的复杂运动结束后，蝉以几乎觉察不到的动作，用腰部的力量又将身体立起来，恢复头朝上的正常姿势，前足抓住空壳，最终把尾部从外套中解脱出来，蜕皮结束了，这个过程共需要半个小时。

现在的蝉已经完全蜕去了它的面罩，和不久前的模样真有天壤之别！两翼湿而沉重，像玻璃一样透明，翅上有浅绿的脉络。前胸和中胸略带棕色，身体其余部分有的淡绿，有的微白。这脆弱的小生命还需要在空气和阳光中待很长时间，养壮身体，改变体色。大约两个小时过去了，蝉还没有明显变化，它还是那么衰弱，那么绿。它只靠前足钩住旧皮，稍有微风，就摇摆起来。最后，它颜色变得深暗，逐渐加强，终于完成了变色过程。这个过程半个小时就够了。我看见过一只蝉上午9点就悬在树枝上，到12点30分才飞走。

除了那条裂缝，蝉蜕丝毫没有破损，仍然牢牢地挂在树枝上，秋末的风吹雨打也不是总能把它打落。我常常看见有些久经风雨的蝉蜕，就以蝉羽化时的那种姿势挂在荆棘上，一挂就是好几个月，甚至整个冬天。蝉蜕质地坚硬，像干羊皮，在很长时间里都成为蝉的仿制品。

我们再来看看蝉脱壳而出时做的体操运动。首先，它的尾部还没从蝉蜕中解脱出来，蝉就以尾部为支点，垂直下翻，头朝下，将两翼和足解脱出来，而头和胸在鼓泡的压力下已经把护胸甲胀裂，露了出来。尾部是翻转身子的支柱，现在是解放它的时候。为了达到目的，蝉要通过背的努力，重新立起来，把头甩到上面，用前足钩住蝉蜕，找到一个新的支点，以让尾部解脱出来。

　　蝉在羽化过程有两个支撑点，先是尾部，然后是前足；它要做两种运动，先朝下翻跟头，再翻回去，回复到正常姿势。体操运动要求若虫头朝上固定在一根树枝上，下方有自由的空间。如果我用手段取消这些条件，它会怎样呢？这还有待研究。

　　我把一根线的一端系在若虫的一只后足上，把若虫悬在试管里宁静的空气中。这根线垂直竖立，没什么能改变它垂直的状态。可怜的虫子处在头朝下的奇特姿势，而即将要进行的蜕皮又要求它头朝上；蝉两腿抖动着，竭力挣扎，想翻过身来，用前足抓住线或者那只系在线上的后足。有几只蝉做到了，勉强竖立起来，之后尽管很难平衡身体，它们还是随心所欲地在线上固定住，毫无阻碍地蜕皮。

　　其他的都累得筋疲力尽毫无成就，线没抓住，头也不能翻上来，羽化不能进行。有几只蝉背部裂开了，露出被鼓泡胀大的中胸；但是蜕皮不能再继续，它们马上就死了。更常见的是，若虫身上没有一丝裂缝，就那么死了。

　　我又做了另一个实验。我把若虫放到一个玻璃瓶里，瓶里有薄薄的一层沙，若虫可以前行，但是没有一处地方可以立起来，滑溜溜的玻璃壁让它没法立起来。在这种条件下，关在里面的若虫没有蜕皮就死了。在这悲惨的结局之中，我也看到了几个例外。我偶尔看见几只若虫就像平常一样在沙面上蜕皮，其平衡的方式让人捉摸不透。总的来说，如果没有正常的姿势或类似的姿势，羽化就不会进行，蝉就会死去。这是一般规律。

　　这个结果似乎告诉我们，若虫在临近羽化时，能够抵抗加诸它身上的种种强制力量。一棵蔬菜或一粒豌豆的果实，到了成熟期，都无一例外地裂开，把里面的种子解脱出来。蝉的若虫就像包了种子的果实，而成虫就是那粒种子；但是若虫能够控制自己的蜕皮开裂，如果情况不利，它就把蜕皮推迟到一个更合适的时机，有时甚至取消蜕变。尽管临近羽化时在体内发生的革命强迫它蜕变，但是如果本能告诉它条件不好，这只虫子就会不顾一切地抵抗体内的变化，宁死不愿裂开。

不过，除了我在好奇心之下做的实验会让若虫殒命之外，我还没看到过蝉的若虫会这样死去。在地洞附近总会有一丛荆棘，出了地洞的若虫爬上去，只需要几分钟，小家伙的外壳就会从背上裂开。蝉破壳而出如此迅速，我常常为此而烦恼。一只若虫出现在附近的土丘上，当它固定在小树枝上时，我突然逮住它，这可是很有意思的研究对象。我把它连同那根细枝都放到圆锥形的纸袋里，然后急忙赶回家。只要一刻钟就到家了，但还是白费力气，当我到家时，绿色的蝉差不多已经自由了，我看不到我想看的了。我不得不放弃这种方法，无奈地求助于在家门口侥幸得到的新发现。

一切缘起其自身，正如教育家雅克多①所说。蝉蜕皮之迅速把我引入了一个烹饪问题。据亚里士多德所说，蝉是希腊人高度赞赏的一道菜肴。这位大博物学家的文章我没读过，乡村书店里没有这样的财富。不过，一次我偶然看到了另一本权威的著作，知道了这件事。这是马蒂约写的关于迪约斯科里德②的评论。马蒂约是很优秀的学者，应该很了解他研究的亚里士多德。我对他是完全信任的。

他说："亚里士多德称赞不已的是，蝉在蛴螬挣脱蜕之前食用

---

① 雅克多（1770—1840）：教育家，提出了一种以他的名字命名的教育方法，著有《普遍教育》。——译注

② 马蒂约（1550—1577）：意大利医生、植物学家，写过关于迪约斯科里德的评论。 迪约斯科里德（1世纪）：希腊医生、植物学家，著有《药材记》。——译注

最为香甜。"既然蛴螬或者说蝉的母亲，就是古代用来指若虫的表达方法，我们可以明白，亚里士多德说的是，蝉在冲破若虫的表皮之前，味道鲜美无比。

外壳还没裂开这个细节告诉我们，应该在什么时候去获取这一道鲜美的菜肴。不会是冬天对农作物进行深耕的时候，那时根本不必担心若虫的羽化。应该是在夏天若虫出土的时候，那时可以看到一只一只的若虫在地面寻觅脱蜕之所。这才是留意若虫的外壳是否破裂的唯一时刻，也是赶紧收集蝉的若虫烹调的时候，因为几分钟之内它们的外壳就要爆裂了。

这道在古代享有盛誉的菜肴，还用引人食欲的修饰语"美味无穷"来形容，真的名副其实吗？机不可失，赶紧抓住吧。只要若虫一出现，我就赶紧品味一下这道被亚里士多德吹嘘的美味吧。聪明的隆德勒①是拉伯雷的朋友，他就自夸找到了鱼子酱，用腐烂的鱼内脏制成的有名的调味汁。那么，那些美食家找到蝉的若虫这道美味，不也是值得夸奖的吗？

7月的一个清晨，当灼人的阳光已经把蝉的若虫逼出地面的时候，一家人老老少少都开始寻觅起来。我们五个人把荒石园都搜遍了，尤其是小径边，那是若虫特别多的地方。为了防止若虫外壳开裂，只要一找到，我就把它浸到水里，窒息可以阻止它羽化。仔细地搜查了两个钟头，我们所有人的额头上都淌起了汗珠，可我只找到了四只若虫，没有再多的了。它们都泡在那个阻止蜕皮的澡缸里死了，或者气息奄奄。管他呢，反正它们注定要变成油煎佳肴！

为了尽可能地防止这所谓的美味佳肴变味，烹调十分简单，几

---

① 隆德勒（1527—1566）：法国博物学家，著有一些解剖学、动物学，尤其是海底动物学的论著。——译注

滴油，一撮盐，一点葱，就这些，乡村里的厨娘也没有比这更粗略的菜谱。吃饭时，所有的"猎人"都分享了这道油煎幼蝉。

大家一致承认这道菜还是能吃的。我们都是些好胃口的人，肠胃也没什么成见，它甚至还有一点虾的味道呢，或者说是在一串蝗虫中出现的一只虾。不过，它真的太硬了，汁水少得可怜，简直就像在嚼干羊皮。我是不会向任何人推荐这道亚里士多德吹嘘过的菜肴的。

当然，这个为昆虫作传的伟人是知道详情的。他的国王学生为他从当时很神秘的印度，弄来了马其顿人非常好奇的事物；马队给他领来了象、豹、虎、犀牛、孔雀，他都忠实地对这些动物做了描述。不过，就算是在马其顿，他也是通过农民才知道蝉的。那些辛勤耕种的人，在翻土的铲子下碰见过若虫；他们比谁都先知道从若虫里出来的就是蝉。亚里士多德在他庞大的工程里，也干了一点后来幼稚轻信的普林尼所做的事：听取乡村闲言，并作为真实的资料记录下来。

哪里的农民都很狭隘，他故意把我们称之为科学的讥讽为琐事，他嘲笑那些在微不足道的小虫子面前驻足不前的人；如果他看见我们把一块石头捡起来仔细观察，然后放在口袋里，就会哈哈大笑。希腊农民的怪脾气非常有名，他们对城里人说：若虫是诸神的美肴，味道无与伦比，美味无穷。但是，在用夸张的赞美之辞引诱这个幼稚之人的时候，他们又让他无法满足贪欲；要在若虫的外壳裂开之前收集到一小口美味，并不是件容易的事。

我们五个人，在一块盛产蝉的地上，花了两个钟头，只找到四只若虫。如果你们还要吃这么一道珍贵的菜，去吧，在若虫出洞的时候去收集吧。寻找的时候，千万小心不要让若虫的外壳裂开哟。

你整天整天地寻找，而若虫的裂变只要几分钟就完成了。亚里士多德呀，我看，你是从没尝到过油炸若虫的滋味的，我的烹饪就是证明。这不过又是一个没有恶意的村野玩笑罢了，这道神的美味佳肴真是可怕。

至于我呢，如果我也听听农民的话，听听我的乡邻的话，我就能收集好多好多关于蝉的故事。我就从村里人讲的故事中举一个，就举一个吧。

你有没有肾衰，有没有因为水肿而走路摇摇晃晃，需要有效的药方？乡下的药物手册一致向你推荐蝉。人们夏天把蝉收集起来，在太阳下晒干，串成一串，很宝贝地收藏在衣橱里。一个家庭主妇如果没有把蝉串起来就让7月过去，就会觉得自己太大意了。

你是不是肾脏突然有点轻微的炎症，尿路有点不畅？赶快用蝉做成汤药吧。据称，没什么比它更有效。从前一个好心肠的人在我不知情的时候，给我喝了一剂这样的饮料，说是要治疗什么地方不舒服；我谢谢他，但是我非常怀疑。我所诧异的是，阿那扎巴①的老医生也建议用同样的药物。迪约斯科里德告诉我们：蝉，干嚼对膀胱疼痛有效。从以弗所②来的希腊人把蝉和橄榄树、无花果树还有葡萄，一起展示给普罗旺斯的农民；于是，从那么遥远的年代起，他们就对这古老的药物深信不疑。其间只有稍许的改变：迪约斯科里德建议把蝉烤着吃，而现在人们把它煨汤做煎剂。

人们赋予蝉利尿的特点，其原因解释起来真是幼稚之极。谁都知道，蝉在有人想抓住它的时候，会猛然迎面朝那人脸上撒一泡尿，然后飞走。它大概是把它排泄的特点传播给我们吧，迪约斯科

---

① 阿那扎巴：小亚细亚古老城市，曾为阿美尼国首都，是迪约斯科里德的故乡。——译注
② 以弗所：小亚细亚古老城市，公元前7世纪起是重要商业中心。——译注

里德可能就是这样推断的，普罗旺斯的农民今天也还这样推断。

哦，善良的人哪！幼蝉为了给自己建一个气象站，能够用尿拌和水泥。如果这一点让你们知道了，真不知道你们会怎么样！拉伯雷给我们描写的卡冈都亚①坐在圣母院的钟楼上，从他巨大的膀胱里射出洪水一般的尿，把无数在巴黎街上闲逛的人，还不包括妇女和小孩，全都淹没。当你们知道了蝉的这一点，说不定就会像拉伯雷一样夸张呢。

---

① 卡冈都亚：拉伯雷《巨人传》中的主人公，食量、酒量都非常大的巨人。——译注

第十六章 🐝 蝉的歌唱

雷沃米尔自己承认，他从没有听到过蝉唱歌，也从来没有看过活的蝉。他看到的都是浸在阿维尼翁的烧酒里的死蝉标本。对解剖者来说，这已经足够对蝉的发声器官做准确的描述。大师当然没有错过良机，他锐利的眼睛很清楚地梳理了这个奇特的音箱的结构。此后如果有人想对蝉的歌声发表几句意见，都把他的研究作为源泉，从中汲取养分。

　　大师已经收割过了，剩下的工作只是捡大师落下的麦穗，做弟子的希望把捡拾的麦穗捆成一捆。我有很多雷沃米尔错过的东西；那震耳欲聋的交响乐响起的时候，我听到的比我想听到的可要多出许多；我也许能在这看似已经干枯的话题上添一些新观点。我再来谈谈蝉的歌唱问题吧，对那些已有的资料，只在必须阐明我的陈述时才重复。

　　在村子附近，我可以收集到五种蝉：南欧熊蝉、山蝉、红蝉、黑蝉和矮蝉。前两种非常常见，另外三种则很稀罕，只有村里的人才认识。其中，南欧熊蝉个头最大，人们也最熟悉，通常描述的也是它的发音器官。

山蝉

　　在雄蝉的后胸，紧靠后腿之后，是两块很宽的半圆形大盖片，右边的盖片稍微叠在左边的盖片上。这是护窗板、顶盖、制音器，也就是发音器官的音盖。把音盖掀起来，左右两边都有一个大空腔，普罗旺斯人称之为小教堂，两个小教堂合起来就形成了大教堂。小教堂前面蒙有一层柔软细腻的黄色乳状膜；后面是一层干燥的薄膜，呈虹色，就像一个肥皂泡，普罗旺斯语称之为镜子。

这大教堂、镜子、音盖，就是人们通常认为的蝉的发声器官。对一个没了气息的歌唱者，人们就说它的镜子裂了，这形象的语言也用来指失去灵感的诗人。但是，这声学原理和人们普遍认为的是不相符的。把镜子打碎，用剪刀剪去音盖，把前面的黄薄膜撕碎，并不能消灭蝉的歌声，只不过改变了它的音质，响声变小了些。那两个小教堂是共鸣器，它们并不发声，只是通过前后膜的振动增强声音，并通过音盖开闭的程度改变声音。

真正的发声器官在别处，新手是很难找到的。在左右小教堂的外侧，蝉的腹背交接处，有一个半开的纽扣大小的小孔，小孔外有一层角质外壳，外面再遮盖着音盖。我把这个小孔起名为音窗，它通向另一个空腔，空腔比旁边的小教堂深得多，窄得多。紧靠后翼，是一个轻微的隆起，大致呈椭圆形；它那黑得没有光泽的颜色，在周围带着银色绒毛的表皮中显得异常突出。这个隆起就是音室的外壁。

在音室上开个大的缺口，发声器官音钹就显现出来了。音钹是一块干的薄膜，白色，椭圆形，往外突，有三四根褐色的脉络从薄膜上穿过，增加了它的弹性，音钹整个固定在周围坚硬的框架上。当这块突起的鳞片状的音钹变形了，往里拉，拉得凹下去一点点，又在那一束脉络的弹性下迅速地回复到突起状态，于是一声清脆的声音就从来回的振荡中发出来。

二十多年前，整个巴黎都迷上了一种可笑的玩具，如果我没记错，这玩具称为"噼啪"或"唧唧"。取一根短短的钢片，钢片的一头固定在金属座上，用大拇指把钢片挤压变形，再放手，让它自己弹回去。钢片就这样在力的作用下，一次一次地发出烦人的叮当声，再没什么别的了不起的用处。可见，要获得群众的选票不需要更多的优点，这个玩意有过光荣的日子；但是遗忘已经对它做出了判决，遗忘是如此彻底，我回忆起这个著名的器械的时候，都担心没人懂我在说什么。

蝉的膜状音钹和这钢片是类似的乐器，都是通过一块弹片变形之后，又回复到原来的状态来发声的。"噼啪"是用拇指的压力来变形，那么音钹的凹凸程度又是怎样改变的呢？回到大教堂，把挡在两个小教堂前面的黄色薄膜撕破，两根粗粗的肌肉柱就显现出来。这两根肋条淡黄色，像个V字形一样连在一起，V字形的尖顶立在蝉腹背的中线上。每根肌肉柱上面都像被截去一样，突然中断，一根又短又细的系带，又从被截去的地方伸出来。这两根系带连接着对应一侧的音钹。

所有的机关就在这里，不比那个金属玩具简单多少。这两根肌肉柱一张一弛，一伸一缩，通过末端的连线，牵动各自的音钹，把音钹拉下来，又马上任由音钹自己弹回去。于是，两个发声片就这样振荡起来。

你想证实一下这个机关的功效吗？你想让一只刚死去的蝉唱歌吗？再简单不过，用镊子夹住一根肌肉条，小心地拉动，这个死去的"唧唧"玩具又复活了；每拉动一次，音钹都会发出一下清脆的声音。声音很小，这是当然的，没有那个活的歌手通过共鸣器发出的声音那么宽广；但是歌声的基本音素，还是可以用这种人工解剖手术来得到的。

反之，如果你想把一只活蝉弄哑呢？这倔强的音乐爱好者，即使把它拽在手里，折磨它，它也会连连哀叹它的不幸，就和刚才在树上高歌欢乐一样喋喋不休。怎么办呢？砸破小教堂，打碎镜子，这些都没用，残忍的截肢并不能克制它的歌声。但是，如果把一根大头针从我们称之为音窗的侧孔伸进去，伸到音室尽头的音钹上，只要轻轻地用针刺一下，这个破音钹就发不出声音了。再这么处理一下另一侧的音钹，就可以让蝉失声。这只蝉还和刚才一样活蹦乱跳，没有明显的伤痕，不知内情的人都对我针刺的效果惊叹不已。相反，把镜子和大教堂的其他附器打碎，都不能让蝉沉寂下来。巧妙的一下针刺，对蝉几乎没什么危险，却产生了把蝉肚子捅开所不能产生的效果。

蝉的音盖是嵌得牢牢的坚硬护盖，本身不会动；是腹部鼓起和收缩使大教堂打开、关闭。肚子瘪下去时，音盖正好堵住小教堂和音室的音窗，于是声音微弱、暗哑、沉闷；当肚子鼓起来时，小教堂半张开，音窗打开了，于是声音响亮到极点。腹部急速振荡，牵引音钹的肌肉随之同步收缩，也就决定了音域的变化，就像是急速拉动的琴弓中发出来的声音似的。

如果天气炎热，空气中没有风，近午时分，蝉会把它的歌声分成一段一段的，每一段持续几秒钟，中间由短暂的休止符分隔开。每一段歌声都是突然开始的，然后迅速升高；腹部收缩也越来越快，这一段歌声也响亮到了顶点。响亮的声音持续几秒钟，然后逐渐降低，递减成一种呻吟，腹部也随之休息。在腹部最后几次搏动之后，蝉静了下来，时间长短随空气状况变化。接着，新的一段歌声又突然响起，一成不变地重复前一段歌唱，蝉就这么无休止地唱下去。

有时候，特别是在闷热的傍晚，蝉陶醉在阳光下，就缩短休止符的时间，甚至把休止符取消。歌声一直持续下去，但总是渐强渐弱地交替进行。它们大概在早上七八点就拉响第一下弓弦，要到晚上8点左右，暮霭沉沉之时，乐队才会停止。音乐会要整整持续12小时。不过，如果是阴天，或者吹着冷风，蝉就不唱歌。

第二种蝉，个头比南欧熊蝉小一半，我们这里的人叫它"喀喀蝉"，极其准确地模仿了它的发声方式。博物学家称它为山蝉，它行动敏捷得多，也多疑得多。它的声音沙哑洪亮，就是一连串的"喀！喀！喀！喀"，中间没有把歌声分成一段一段的休止符。山蝉歌声单调，声音尖锐嘶哑，因而是最令人讨厌的，尤其是当乐队有几百个演奏者的时候；整个夏天，我的两棵法国梧桐上就进行着这样的演奏，就好像一大袋干核桃在袋子里晃来晃去要把壳撞破为止。这种讨厌的音乐会，简直是酷刑，我唯一可以稍微聊以自慰的是，山蝉唱得没南欧熊蝉那么早，晚上也不会多唱那么久。

尽管基本构造原理相同，但山蝉的发声器官还是体现出很多特殊之处，声音有自己的特色。它没有音室，也就没有了音室的音窗。音钹紧接在后翅的翅窝后裸露在外。音钹还是一块干燥的白色鳞片，向外突出，五根微红的褐色脉络分布在鳞片上，横穿其间。

腹部的第一节向前延伸出一个又短又宽的坚硬簧片，簧片活动的一端靠在音钹上。这个簧片就像木铃的簧片一样，只不过不是搭在旋转的齿轮上，而是多多少少靠在振荡的音钹的脉络上。这大概就是山蝉声音沙哑刺耳的部分原因。不过我不大可能把蝉拿在手中来证实，因为受惊的喀喀蝉发出的声音，和它正常的声音差得太远。

山蝉的音盖也不是交叠在一起，而是隔开的，中间有比较长的空隙。音盖连同腹部的附件硬簧片，把音钹遮住一半，音钹另一半就完全露在外面。如果用手指压，蝉的腹节及前胸都会稍微张开。

但是总的来说，歌唱的时候，山蝉是不动的，它的腹部不会急速运动，而这在普通的南欧熊蝉身上却是音调变化的原因。小教堂很小，作为共鸣器几乎可以忽略不计。虽然它也有镜子，但很小，才一毫米长。总之，在南欧熊蝉身上发达的共鸣器官，在山蝉身上却退化得很厉害。那么，小小的音钹振荡声怎么会变得那么洪亮，令人无法忍受呢？

山蝉是会腹语术的蝉。如果仔细察看它的腹部，人们会发现它腹部的前面三分之二是半透明的，而繁衍种族、保存个体所不能少的器官，都被挤到了另外三分之一不透明的地方，压缩到不能压缩的地步。用剪刀一下子把那不透明的三分之一剪掉，余下的腹部大大敞开，露出一个很大的空腔，一直扩展到外表皮，只有背面紧密地排列着一层薄薄的肌肉，细得像丝线一样的消化管就附在那层肌肉上。这个空腔体积之大，差不多占了蝉的半个身体，里面几乎全是空的。空腔尽头有牵引音钹的两根肌肉柱，像V字形一样连在一起。在V字的左右两尖上闪耀着两片"镜子"；而在两根肌肉柱之间，前胸尽头，都是空旷的空间。

这个空空的肚子以及前胸的延伸部分，就是一个巨大的音箱，我们这里没有哪个歌手的歌喉能和这音箱相比。如果我用手指把刚才在蝉腹部剪的口子堵上，声音就低多了，符合声管的发音规律；如果在敞开的肚子上接一个小圆柱、一个圆锥形小纸袋，声音会变得又低又响。如果把圆锥纸袋的锥尖正好对准蝉腹部的开口，纸袋宽的另一头插到一根加长的试管口，蝉便不再唱歌，而差不多像公牛叫。我的孩子在我做这个声音实验时恰好在场，他们都被这声音吓跑了。这个他们很熟悉的昆虫，竟然让他们害怕起来。

山蝉声音沙哑的原因，也许是木铃的簧片触动了振荡中的音钹上的脉络；而声音响亮的原因，毫无疑问是肚子上巨大的音箱。为了一个音箱，把肚子和胸都空出来，这可真的是对歌唱事业无比热爱啊。生命的主要器官缩小到了极限，禁锢到一个窄窄的角落，就为了给音箱留出宽敞的地方。唱歌是第一位的，其他都是次要的。

真该庆幸山蝉没有听从进化论者的建议，如果它们一代比一代热衷歌唱，腹部的音箱也越来越进化，可能就会达到我把圆锥纸袋接在上面的效果，那么群集喀喀蝉的普罗旺斯，总有一天会没人居住了。

说过南欧熊蝉的细节之后，我还有必要讲讲，怎样让喋喋不休、让人难以忍受的山蝉安静下来吗？它的音钹就在外面，非常显眼，用针头把它戳破，一下子，它就完全静下来了。如果在我的法国梧桐上，那些被针刺过的蝉的同伴也安静下来，热衷于这样的改变，那有多好啊！不过，这个愿望非常荒唐，一个音符不可能让收获时庄严的交响乐停下来。

红蝉比南欧熊蝉小一点。叫它红蝉，是因为翅脉和身体其他部分里流的是红血，而不是褐色的血。红蝉很少见，在山楂树林里，我要隔很远才能碰到一只红蝉。它的发声器官介于南欧熊蝉和山蝉之间。从熊蝉那里，它学到了腹部的振荡运动，通过半开或关闭大教堂让声音变强或变弱；从山蝉那里，它继承了露在外面的音钹，没有音室和音窗。

红蝉的音钹是裸露在外的，紧接在翅窝之后。白色的音钹很正常地往外突出，上面有八条很长的红褐色平行脉络，还有七条短得多的，一条一条地间隔在八条长脉络之间。音盖小小的，内边缘凹进去，正好把小教堂盖住一半。盖板凹处留下的小孔上，有一个小小的叶片充当气窗。叶片固定在蝉的后腿窝，蝉就通过把后腿贴着身体，或抬高后腿，把气窗关上或打开。其他的蝉也有类似的附器，不过要窄得多、尖得多。

除此之外，红蝉和南欧熊蝉一样，能从低到高、从高到低地大幅度运动。腹部的振荡运动配合连在腿上的叶片的运动，使小教堂能够随意地开大或关小。

红蝉的镜子，除了没有南欧熊蝉那么宽大，外表都一样。朝向胸侧的膜是白色椭圆形，非常纤细，当腹部抬起时绷得很紧，腹部塌陷就松弛皱缩。在紧绷状态下，这块膜能产生振音，使声音更响亮。

红蝉的歌声也是抑扬顿挫，分成一段一段的，和南欧熊蝉一样，不过红蝉要更谨慎一些。它的声音不响亮，很可能是因为没有音室。在同样的力量下，裸露在外的音钹振荡发出的声音，当然比不上藏在共鸣器深处的音钹发出的声音响亮。当然，那聒噪的山蝉也没有共鸣器，但它肚子上巨大的音箱，大大弥补了这个不足。

我从没看见过雷沃米尔画过、奥利维埃①也描述过的第三种蝉，他们称它为毛蝉。他们两人都说，毛蝉在普罗旺斯很出名，当地人称为小蝉。但是在我们地区，人们都不知道这个叫法。

我们有的是另外两种蝉，也许雷沃米尔把这两种蝉和他画的那种蝉搞混淆了。这两种蝉，一种是黑蝉，我只见过一次；另一种是矮蝉，我收集了很多，那么，我就说说矮蝉吧。

矮蝉是我们地区最小的一种蝉。它只有一只普通的虻那么大，长约两厘米，透明的音钹上有三根白色不透明的脉络，皮肤的褶皱把音钹勉强盖住，但是音钹还是完全可以看得见。它没有音室，回

---

① 奥利维埃（1756—1814）：法国昆虫学家，著有《昆虫学词典》等。——译注

头想想，你就会发现，这个音室只有南欧熊蝉身上才有，别的蝉都没有。

两块音盖之间相隔很远，小教堂大大敞开。相对而言，它的镜子比较大，镜子外形像个四季豆。矮蝉歌唱的时候，腹部也不振荡，和山蝉一样是静止不动的。也正因为此，这两种蝉歌唱的旋律都缺乏变化。

矮蝉的鸣叫是一种单调的响声，尖锐而细小；在7月午后让人懒洋洋的寂静中，它的叫声在几步内才听得见。如果有一天它们突发奇想，离开被太阳烤焦的灌木丛，成群地来到我家阴凉的梧桐树上定居，尽管我很想好好研究它，但我还是希望这小小的蝉不要像着了魔的喀喀蝉一样打扰我的清修。

现在该从繁缛的描述中解脱出来，因为蝉发声器官的构造我已经知道。现在我想问问蝉，它们狂热地歌唱到底是为什么？这么大的声音有什么用呢？有一个答案我无法回避，人们说，这是雄蝉召唤伴侣的声音，是情人们的大合唱。

但我冒昧地对这个看似合乎情理的答案表示怀疑。15年来，南欧熊蝉伙同声音刺耳的喀喀蝉，强迫我加入到它们中间。每年夏天，整整两个月，我都把它们看在眼里，听在耳里。我虽然不是很乐意听它们唱歌，却非常热情地观察它们。我看见它们成群栖息在梧桐树光滑的树皮上，全都仰着头，雌雄混杂，彼此近在咫尺。

它们一旦把吸管插进树皮，就一动不动地吸起来。日头旋转，树荫移动，它们也绕着树枝跟着移动，慢慢地往旁边跨一大步，朝向最亮最热的方向。不管是在吮吸还是移动位置，蝉的歌声一直不断。

能够把这种无休无止的歌唱看成爱情的召唤吗？我很怀疑。在聚会中，如果雌雄肩并着肩，那么就没有必要连续几个月，都向身边的异性召唤个不停。我从没看到一只雌蝉跑到叫声最响亮的乐队中去。作为婚礼的序曲，视觉已经足够，而且求婚者根本不需要没完没了地表白爱情，因为求婚的对象就是它的近邻。

那么，这是迷惑、感动无动于衷者的一种办法吗？我还是怀疑。当情人们尽情奏起最响亮的音钹时，我从来没发现过雌蝉有过任何满意的表示，有过丝毫扭动、摇摆的动作。

我周围的乡民们都说，蝉在收获季节唱的是：收割，收割，收割①！是给他们干活鼓劲打气。收获思想的人和收获稻穗的人一样，都在工作，一个是为了智慧的面包，一个是为了生命的面包。所以，他们的解释我也明白，把它当作善意的幼稚想法接受下来。

科学希望情况更好，但是它在蝉身上发现的是一个对我们封闭的世界，根本不可能捉摸，甚至猜不出这些音钹发出的声音在蝉身上引起的感受。我只能说，雌蝉无动于衷的外表，似乎说明它对歌声是无所谓的。别再固执了吧，昆虫的内心情感是个深不可测的谜。

我还有另一个怀疑的理由。对歌声敏感的，总是有敏锐的听觉，而听觉是警惕的哨兵，一有细微声响，就会警觉到有危险。鸟这个杰出的歌唱家就有极敏锐的听力，只要枝上有一片树叶摇动，过路人之间有一句交谈，它们就马上噤声，不安地警觉起来。可是，蝉完全没有这么不安的情绪波动！

蝉的视觉非常灵敏，大大的复眼能让它看到左右两边发生的事情；它的三只钻石般的单眼，是小小的望远镜，能探测头上的空

———————————

① 普罗旺斯语为：Sego, Sego, Sego! ——译注

间。蝉只要看见我们走近，就马上不叫飞走了。但是，如果站在它五个视觉器官看不到的地方，讲话、吹哨、拍手、用两块石头相击呢？如果是一只鸟，即使没有看到人来，但是一旦它受到惊吓，用不着做那么多的动作，它早就没命地飞走了。但是蝉呢，镇定自若地继续吱吱鸣叫，好像什么都没发生似的。

我做过很多实验，我只提一次，最难忘的一次。我借了镇上的炮，就是那种在主保圣人①节鸣放的礼炮。为了蝉，炮手很乐意把炮装上火药，来我家朝蝉射击。炮手总共有两座炮，都像在盛大的节日狂欢时那样塞满了火药。即使是政治家在巡回竞选的时候，也没有荣幸得到过这么多的火药呢。为了避免把玻璃震破，我把窗户大大敞开。两只鸣雷的器械都安放在我家门口的梧桐树下，根本不需要小心地把它们伪装起来，在树枝上高声歌唱的蝉看不到树下发生的事。

我们六个听众都期待有片刻相对的安静，每个人都仔细观察歌手的数量、歌声的响亮程度和旋律。我们准备好了，耳朵仔细倾听空中乐队会发生什么变化。开炮了，声如霹雳……树上的蝉什么不安的情绪也没有，演唱者的数量还是那么多，歌唱的节奏依然不变，声音也还是那么响亮。六个人一致证实：爆炸的巨响根本没有改变蝉的歌唱。炮手又放了第二炮，结果还是一样。

乐队如此坚持不懈，根本没被炮声惊起不安，我能从中得出些什么呢？是否能就此推断说，蝉听不见声音呢？我不敢贸然地这么说，但是，如果有更大胆的人肯定这个推断，我也真的提不出任何理由来反驳他。至少我得承认，蝉的听觉迟钝，可以把一个著名

---

① 主保圣人：专门保护某一个人或社会、教会、地方并为之代祷的圣徒。——校注

的俗语用在它身上：叫喊得像个聋子。

　　小路的碎石堆上，蓝翅蝗虫甜蜜地陶醉在阳光里，用强壮的后腿摩擦粗糙的革质翅边缘；暴雨将临的时候，绿蛙、雨蛙和喀喀蝉一样，发了狂似的在灌木丛中的树叶里扯起嗓子，荡起音量。它们都是在召唤不在身边的同伴吗？绝对不可能。蝗虫的琴弦响起来的时候，发出的唧唧声几乎感觉不到；而雨蛙的嗓音再洪亮也是白白浪费，因为期待的人儿没有赶来。

　　昆虫到底需不需要响亮的倾诉、喋喋不休的表白，来表达它的爱情呢？考察大多数的昆虫，我发现，两性之间的靠近会让彼此沉默下来；所以蝈蝈儿的小提琴、雨蛙的风笛和喀喀蝉的音钹，我都只看成是表达生存乐趣的手段，每种动物都以自己特有的方式来庆祝这共同的欢乐。

　　如果有人向我证实，蝉之所以振动它们的发声器官，根本不是为了下一代，而仅仅只是感觉到了生活的乐趣，就像我们满意的时候搓手一样，我也不会很惊讶。就算在这种合唱中还有什么次要目的和那不出声的蝉①有关，那也很有可能，很合乎情理，尽管现在还没有被证明。

────────────

① 指雌蝉，因雌蝉不鸣叫。——译注

第十七章 🪲 蝉的产卵和孵化

常见的南欧熊蝉都在细细的干树枝上产卵。雷沃米尔仔细观察后认为，栖息了蝉的那些树枝其实都是桑树枝；因为这位只负责在阿维尼翁附近收集标本的人，没有把他的研究多样化。在我家附近，蝉产卵的树枝，除了桑树以外，还有桃树、樱桃树、柳树、日本女贞树等，不过很少见。蝉喜欢的是别的东西。它尽可能地寻找细细的枝条，从麦秸到笔杆粗细的都可以，枝条有一层薄薄的木质，里面有丰富的木髓。只要这些条件都满足了，什么植物都无所谓。如果我想把这个产妇利用的各种支撑物列个清单，恐怕就得把我们地区的半木本植物都逐一回想一遍。我只举出其中的几种，说明蝉产卵的场所是多变的。

产卵的细枝绝不能卧在地上，而是多少接近垂直，一般长在原来的树干上；偶尔也会有断枝，但必须是竖立的。枝条最好比较长、匀整而且光滑，以便能容下所有的蝉卵。我收集的植物中，蝉最喜欢的是髓质丰富的禾本科植物的枝条，还有长到一米多高才分枝的阿福花高高的茎秆。

不管是哪种植物，这个作为支撑点的植物枝条都必须是死了，完全干枯了的。尽管如此，我的笔记里还是记载了几次蝉在活茎秆上产卵的情况。这些枝条上还长着绿叶，鲜花盛开。当然，在这些特殊的例子中，这些枝条本身就是比较干燥的。

蝉的产卵就是一系列的穿刺工作，就像用一根大头针针尖自上而下斜插进树枝，撕裂木质纤维，把纤维挤出来，浅浅地突起。看到这些刺孔，不明由来的人还以为是什么隐花植物呢，或是觉得像是某种球菌鼓起来，孢子囊的压力胀破了表皮，露出一半在外面。

如果枝条不匀整，或者是有好几只蝉先后都在同一根枝条上产讨卵，刺孔的分布就比较混乱，让人看得眼花缭乱，分不出刺孔的顺序以及是哪只蝉的卵。但有一个特征是不变的，翘起的木枝条的倾斜方向表明，蝉总是沿着直线，把它的产卵工具从上而下地穿刺进树枝。

如果枝条匀整、光滑、长度适中，那么刺孔相隔的距离几乎相等，不太偏离直线。而刺孔的数目则是变化的。当雌蝉产卵不太顺利，要到别处继续产卵的时候，枝条上的刺孔就比较少；如果一根枝条上的一行刺孔是母蝉所有的产卵数量，那么刺孔就在三四十个。即使是同样数量的刺孔，一行孔的长度也是不同的，下面举几个例子：30个刺孔，在亚麻枝条上是28厘米长，在粉苞苣属上长30厘米，而在阿福花上只有12厘米。

不要以为长度的变化取决于枝条的不同属性；相反的数据多的是，就像阿福花，在这里给我们看的是一行靠得最紧密的刺孔，在别的情况下刺孔又是隔得最疏的。孔距取决于我们不可能明白的原因，尤其取决于雌蝉变化无常的习性，它把卵产在这里多一点、产在那里少一点，完全是随兴所至。两孔之间的距离，我测量的平均数是8~10毫米。

每个刺孔都通向一个钻在枝条髓质部分斜斜的洞穴，洞穴没有被蝉特意封闭起来，产卵时被钻开的木质纤维，在蝉产卵管的双面锯离开后，又重新合拢。人们最多偶然会在纤维栅栏中看到一层反光物质，就像干了的蛋白漆。它也许只是雌蝉留下来的一点点含蛋白的液体，也许是随卵排出的，抑或是为了方便钻孔器开动的润滑剂。

洞穴就紧接在钻孔口之后，是一根细细的管道，差不多占据了钻孔口到前一个洞穴口之间的所有空间。有时，洞穴的管道挨得太近，连间隔也没有，上面一层洞穴的管道和下面的连在一起；但是产在多个钻孔口里的蝉卵，总是排成不间断的行列。当然，最常见的，还是钻孔之间彼此隔开。

洞穴内蝉卵的数量变化很大，每孔5～15枚不等，平均是10枚。蝉产卵时一般会钻30～40个孔，那么，蝉一次要产300～400枚卵。雷沃米尔在仔细观察蝉的卵巢后，也得到了同样的数字。

真是个庞大的家族，蝉能够以数量来对付许多可能发生的重大毁灭性灾难。我并不觉得成年的蝉比其他的昆虫更容易遭到危险，它目光敏锐，可以猛然飞起，而且飞得很快；它栖息在高处，用不着担心草地上的强盗。不错，麻雀喜欢吃蝉，它不时地暗中酝酿阴谋，从邻近的屋顶向梧桐树猛扑过去，逮住正在狂热鸣叫的歌唱家。确实有几次，麻雀左一口右一口地把蝉割成了好几块，把它变成自己一窝雏儿口中的美味。但是有多少次，麻雀是空手而归啊！蝉在麻雀攻击之前抢先行动，朝着袭击者撒了一泡尿，飞走了。不，不是麻雀迫使蝉这么多产的，危险来自别处。在蝉产卵和孵化的时候，我们就会看到危险有多么可怕。

蝉产卵是在出地洞两三星期后，也就是7月中旬左右。虽然我家门口有天然的有利条件，但它给我提供的机会过于偶然；所以为了亲眼看见它产卵，而不是求助于偶然，我采取了一些措施，确保观察成功。通过以前的观察，我知道干枯的阿福花茎秆是蝉喜欢的产卵枝条。这种植物又长又光滑的枝条最适合我的意图，而且，在我住在这里的头几年，我就把荒石园里的菊科植物换成了另一些好伺候的本地植物，其中阿福花种植得最多，如今它正好派上大用场。我把前一年的干枝留在原地，等合适的季节一来，我就每天密切监视它们。

我没有等待多久，7月15日起，就如愿地发现一些蝉栖息在阿福花上，正在产卵。产妇总是单独待着，每只雌蝉一根枝条，用不着担心会有竞争者来妨碍它。第一只走了，可能会有另一只飞来，然后还有其他的雌蝉。枝条对所有的雌蝉开放，宽敞得很；不过，轮到哪只雌蝉的时候，它都希望独自待在枝上。总之，它们之间没有任何口角，彼此和平相处。如果哪只雌蝉赶来，但枝条已经被占，它一发现错误，就会立即飞走，去别处寻觅。

蝉产卵时总是仰着头，它任由我凑近观察，即使用放大镜观察也是如此，因为它完全沉浸在产卵中。那一厘米长左右的产卵管，整个斜斜地插进枝条，钻孔看起来并不太艰难，因为它的工具非常完善。我看见蝉微微扭动，腹部尾端胀大然后收缩，频频颤动。蝉就这样产卵，它开动双面钻头交替插进木质中，动作非常轻柔，几乎难以察觉。产卵过程没什么特别的，蝉一动不动，从产卵管第一次钻下去到产好卵，大概用了10分钟。

之后蝉有条不紊地把产卵管慢慢抽出，以免把产卵管扭弯。这个钻出来的孔会由于木质纤维的合拢而自动关闭，蝉然后沿着直线方向爬到高一点的地方，距离正好与它的钻孔工具一样长。在那里，蝉重新钻孔凿穴，产下10来枚卵。它就这样从下往上，一级一级地产卵。

知道了这些现象，我就能够解释支配产卵的特殊排列方式。钻孔口之间差不多是等距的，因为每次蝉上升的是同一个高度，大概就是产卵管的长度。蝉虽然飞得很快，但行走的时候却非常懒惰。

当人们看到它在树枝上吮吸汁液的时候，它是严肃地，可以说是郑重地迈出一步，站到旁边阳光更灿烂的地点。在干树枝上产卵时，蝉还是保持了过分审慎的习惯，甚至考虑到产卵的重要性，还夸大了这个习惯。它尽可能地少移动，只要邻近的两个孔勉强不钻在一起就行了。它往上走的步伐宽度，大致由钻孔的深度来决定。

此外，如果在一根枝条上孔钻得不多，钻孔口就呈直线排列。那么，在同一根木质枝条上，蝉为什么会朝左或朝右偏呢？蝉喜欢温暖，选择的都是最容易晒到太阳的方向。只要背部沐浴在阳光中，就是莫大的乐趣，它不会轻易离开给它带来欢乐的方向，而去到另一个阳光不能垂直照射的地方。

但是，在一根枝条上产完所有的卵，需要很长时间。如果一个孔待10分钟，那么，我偶然看到的40来个孔，就需要六七小时。蝉完成工作之前，太阳的位置也会有较大的转移，那么，直线会转成螺旋弧线。太阳转动，雌蝉也绕着枝条转，它的刺孔线就像指针在日晷盘上的投影线。

有很多次，当蝉沉浸在母亲的工作之中，把卵排放好的时候，一种也长着钻孔器、很不起眼的小飞虫，就开始干起消灭蝉卵的勾当。雷沃米尔其实也知道这种飞虫。他在几乎所有被观察的细枝上，都遇到过这种飞虫的幼虫；可他压根就没把这小虫子放在心上，因此他没有看到也不可能看到这个大胆的破坏分子的行动。这是一种小蜂科昆虫，身长四五毫米，全身漆黑，节状触角末端渐粗，钻孔器固定在腹部中央，伸出来时与身体中轴线成直角，位置与褶翅小蜂的钻孔器差不多。也许这个消灭蝉卵的小矮子，已经被列进了昆虫学的分类词典，但是我因为忽略而没有把它抓住，至今还不知道分类学家们赏赐给了它什么名号。

我所清楚了解的，是它那不声不响的野蛮行径；尽管它就靠在这个抬抬足就能把它压扁的庞然大物身边，可是它却恬不知耻，胆大包天。我曾看到三只掠夺者同时进攻那可怜的产妇，它们就站在蝉的脚后跟上，要么把自己的钻孔器插进蝉卵，要么就在等待有利时机。

雌蝉刚刚在一个穴里产好了卵，爬到高一点的地方再去钻孔，一个强盗就赶到雌蝉离开的洞穴，毫无惧色地几乎就在巨虫的足下，好像是在自己家里干什么值得称道的事一样，抽出它的钻孔器，刺进蝉卵的竖洞。它不是顺着布满碎木纤维的钻孔往里插，而是从孔边上的缝隙插进去。它的工具慢慢地开动，因为这里的木头几乎没有洞孔，比较坚韧。其间蝉则在上面一层孔洞里产下一窝卵。

蝉产卵一结束，另一只飞虫，落在后面什么也没捞到的那位，立即占据蝉的位置，把自己毁灭性的疫苗接种到蝉卵里。当雌蝉产完卵飞走的时候，它的大部分洞穴里都有了外族的卵；它们最终会把孔洞里的一切蝉卵都毁灭。不久，异族的卵抢先孵化出来的幼虫，将以洞穴里的十来只蝉卵为食，取代蝉的后代，独占一间居室。

哦，可悲的产妇啊，你没有从几个世纪的经验中吸取任何教训！你的眼睛那么敏锐，这些可怕的钻探者在你身边飞来飞去、准备干坏事的时候，你肯定看到了它们；你看到了，知道它们就在你脚下，可是你却无动于衷，任由它们胡作非为。转过身来吧，宽厚的庞然大物，踩死这些侏儒吧！可你不会改变自己的本能，从来不会这样做，哪怕是为了稍微改变一点你作为母亲身受灾难的命运！

南欧熊蝉的卵是白色的，带着象牙的光泽，长形，两头尖如圆锥，就像是微型的纺织梭。蝉卵长2.5毫米，宽0.5毫米，成行排列，彼此略有重叠。山蝉的卵要小一些，有规则地聚在一起，像微型的雪茄烟盒。我就专门讲讲南欧熊蝉卵吧，它的故事会告诉我们别的蝉卵的故事。

9月还没结束，闪着象牙白光泽的蝉卵就变成麦子般的金黄了。10月初，卵前部出现了两个明显的栗褐色小圆点，这是正在发育的眼睛。这两只几乎立刻就能看东西的眼睛和圆锥形的头顶，让蝉卵看起来就像无鳍鱼，那种只适合在半个核桃壳里游泳的微型鱼。

就在同一时期，在荒石园和附近山丘上的阿福花上，我总是看到有新近孵化过蝉卵的痕迹，看到一些新生儿留在家门槛上的破外套，它们急着挪到另外一个窝，已经搬家了。我马上就会看到，这些旧衣服意味着什么。

尽管我的探访很勤快，理应有一个好结果，我还是从来没能亲眼看着小蝉从洞穴里钻出来。我在家里的饲养也没收到好一点的效果。接连两年，我在适当的时机，用盒子、试管、玻璃杯，收集了上百条有蝉卵的不同植物枝条，但是我没有在任何一根枝条上，看到我迫切想看到的：新生蝉的出洞。

雷沃米尔也感受过同样的沮丧。他讲过他的朋友给他送来的蝉卵是怎样失败了，甚至把蝉卵放在玻璃管里，再将玻璃管装在裤腰袋里暖着也没成功。哦，可敬的大师！蝉要的不是我们工作间里温暖的庇护所，也不是裤腰袋里小小的保温材料，它需要的主要刺激是太阳的轻吻；在温暖季节的最后几天，早晨冷得打哆嗦，但中午阳光骤然如火般照射，这对蝉卵来说就是秋天里绝美的一天。

就是在类似的条件下，白天强烈的阳光和夜晚的寒冷形成巨大的反差，我发现了蝉卵孵化的迹象。但是我总是去得太迟，小蝉已经飞走了，我最多也只是偶尔会碰到一只幼蝉被一根丝挂在出生的枝条上，在空中挣扎，可能是被蜘蛛网缠住了。

　　10月27日，我已经对成功不抱希望了，但我还是把荒石园里的阿福花收集回来，将一束有蝉卵的干枝条安放在实验室里，我想再观察一次孔穴和孔穴里的蝉卵就彻底放弃。那天早晨很冷，冬天里的第一堆火已经燃起来了。我把那一捆枝条放在炉子前的椅子上，根本没有想过要试一试炉火的热度，会对蝉卵产生什么样的效果。我将枝条一枝枝地掰下来随意摆放在伸手可及的地方，并没有什么动机。

　　然而，当我把放大镜移到一根断枝上去的时候，我本不再抱希望能看到的蝉卵孵化，突然就在我身边发生了。我收集的树枝上有居民居住了，小若虫十来个一组地从孔穴里冒出来，数量如此之多，使我这个观察家的野心大大得到了满足。蝉卵正好成熟了，而火炉里的旺火又强烈地温暖着它们，产生了露天里阳光照射的效果。赶快抓住这个意外的机会吧！在被撕裂的木质纤维中，一个圆锥形的小微粒出现在钻孔中，小微粒上有两颗黑色的圆眼睛。这肯定是卵的前部，它的外形就像小鱼的身体前部。看起来，蝉卵就像从孔道深处移到了孔道口似的。但是，一枚卵在狭窄的地道里运动，一个胚胎在走动，是不可能的，从来没有这样的事，一定是我产生错觉了。我把枝条劈开，秘密就揭开了。真正的卵壳，并没有移动位置，略为混乱地连在一起。卵壳是空的，已成为一个透明的袋子，卵壳的前端已经被大大钻开，从卵壳里出来了一个奇特的小生命。下面我就说说这个刚出生的小生命最显著的特点。

　　小家伙的头形和黑眼睛，尤其是腹部的鳍，让它看起来比卵更像一条微型鱼。它的两只前足套在一个特别的外套里，只能放到身体后部，并拢在一起伸直，看上去好像鳍。这个鳍能微微活动，大概有助于小家伙从卵壳里出来，还帮助它从更困难的木质地道里出来。小家伙利用已经很有力的尾钩前进，两条前足稍稍离开身体，又重新靠拢，像杠杆一样一起一落，在前进时提供支撑。其他四条腿还包在同一个套子里，毫无生气；透过放大镜勉强看到的触角也是如此。概括起来，从蝉卵里出来的小虫就像一只小船，两条前足连在一起，在腹部形成一支朝后的单桨，它的体节尤其是腹部的体节非常清楚，整个身体非常光滑，没有一丝绒毛。

蝉的最初形态，如此奇特，如此出人意料，至今还没有人猜到。给它起个什么名称呢？是不是要把一些希腊字母组合一下，焊成某个讨厌的名称呢？我不会这么做，而且深信，那些野蛮的术语对科学来说，是些占用空间的杂草荆棘。我就只称之为初龄幼虫，就像对待芜菁科、斑腹蝇和卵蜂虻一样。

蝉的初龄幼虫形状非常适合出窝。幼虫孵化时钻出来的小道非常窄，只勉强够一只爬出来。而且，蝉卵是成行排列的，不是头尾相接，而是部分重叠在一起。从最远的地方孵化出来的小虫子，就不得不穿过前面已经孵化的卵留在原地的破外套，在这个狭窄的通道里还拥塞着剩下的空卵壳。

在这样的条件下，如果初龄幼虫马上撕裂临时外套，变成若虫，那么若虫很可能越不过那困难重重的通道。触角碍事，长长的腿展开来后离身体的中轴线很远，弯弯的足尖沿途会钩住东西，会妨碍它迅速得到解脱。一个窝里的卵几乎同时孵化，前面的新生儿必须尽快搬家，给后来者留下自由的通道。因此，新生儿必须光滑、呈没有任何突起的船体形状，能够像个楔子一样钻出来，溜到外面。初龄幼虫的身体附器都包在同一个外套里，紧贴着身体，像个梭子，单桨能够微微活动，因此，初龄幼虫便担当了穿过阻碍重重的通道来到洞外的任务。

解脱的任务很紧迫，必须在短时间内完成。现在，一只迁居者露出了长着圆眼睛的脑袋，把钻开的碎木纤维稍稍顶开。它的前进动作极其缓慢，用放大镜都难以察觉到。它越钻越突出，但起码要半个钟头之后，小船似的虫子才能够全身露出来，尾端还挂在钻孔口内。

　　出了洞口，行进时的外套马上就裂开，小家伙从前到后把皮蜕下，这时候才出现了普通的若虫，雷沃米尔知道的就是这时的若虫。若虫脱去的外套像丝线一样悬着，丝线自由的末端像个铲斗一样张开，若虫的腹部就嵌在铲斗里。若虫在落地前，要在这里沐浴阳光，强壮身体，蹬蹬双腿，试试力气，系着安全带懒洋洋地摇晃。

　　雷沃米尔说的这个小跳蚤一样的虫子，正是以后要挖土掘地的蝉的若虫。它一开始是白色的，然后变成琥珀色。若虫的触角比较长，自由地颤动；腿的关节也活动了；前足张合自如，比较粗壮。它靠后腿悬挂在窝上，一有微风就摇晃起来，准备在空中翻个跟头降落世间。我没见过比这小小的体操家更奇特的表演。若虫悬在枝上的时间长短不一，有的半小时左右就落地，有的要在带柄的铲斗里挂上好几小时，还有的甚至要等到第二天。

　　不管落地是迟是早，若虫落地之后，它的悬挂安全带，也就是初龄幼虫的外套，都留在原地。当一个洞穴里的所有蝉卵都消失以后，洞穴口就这样被一大把丝线盖住了。丝线又短又细，弯弯曲曲，皱皱巴巴，就像干了的蛋清。每根丝线自由的一端都散逸成斗状，这些细微的褶皱，转瞬即逝，一碰就不见了，一丝微风很快就会把它们吹散。

　　我还是回到若虫身上吧。若虫或迟或早都会落到地上，有时是偶然，有时是靠自己努力。这个虚弱的小东西，不比一只跳蚤大，新生的肌肤柔嫩无比，它已经借着安全带做好了抵抗坚硬泥土的准备。它在空气这软软的棉絮中养壮了，现在要投入到严酷的生活中去了。

我可以预感到有无数的危险在等着它。微风会把这个不起眼的小颗粒卷到坚硬的岩石上、车辙的积水中、不毛缺粮的沙地里，或者是硬得钻不下去的黏土上。这些足以令它致命的地方多的是，在10月寒冷多风的季节里，吹散一切的风也刮得很频繁。

这个脆弱的小生命需要一块非常松软的土地，容易钻入，以便马上藏身在土中。天气渐渐冷起来，霜冻就要来临，再在地面游逛就会有死亡的危险，它必须马上钻到土里去，钻得深深的。这个能拯救自己的唯一而迫切的条件，在很多情况下都不能实现。这个"跳蚤"的小爪子在石头、砂岩、坚硬的黏土上能有什么作为呢？不及时找到地下避难所，它只会死去。

正如众人所承认的，因为有无数的险恶可能，若虫出生后的第一个居所，是蝉家族高死亡率的一个因素。摧残蝉卵的黑色寄生虫已经解释了蝉多产的必要性；如今，寻找第一个落脚点如此困难，又向我们说明，如果要将种族保持在恰当的数量，就必须每只雌蝉产三四百枚卵。因为被消灭得多，所以蝉卵也产得多，蝉以多产的卵巢来消除无数的灾祸。

为了做余下的实验，我得尽量为若虫减少寻找第一个居所的困难。我选择了灌木叶腐殖土，这种土很软，很黑，我还用细筛筛过。如果我想了解事情的发展，这深颜色的土可以让我很容易找到那金黄的小生命；土质柔软也适合小家伙脆弱的足。我把土在玻璃瓶里夯得松松的，在土里植了一丛百里香，撒了几粒麦种。瓶底没有洞，尽管百里香和麦子的繁茂需要有孔，但是关在里面的囚徒一且找到口子，肯定会逃走。植物没有排水孔会死，但我至少得保证能够凭着耐心，借助放大镜重新找到我的小虫子。再说，我会很少给植物浇水，只要让植物不死就行。

一切都安排好了，素粒开始展开第一片子叶的时候，我把六几蝉的若虫放在土面上。这些虚弱的小家伙在泥层上大步行走，快速地探索；有几只试着往花瓶内壁上爬，没能爬上，没有一只若虫露出想钻进土里的样子。我不禁焦急地思考，它们这么活跃、这么长时间地逡巡，目的是什么。两个小时过去了，它们还没有停止游逛。

它们想要什么？食物吗？我给了它们几个刚长出须根的小鳞茎、几片断叶和新鲜草梗。没什么能引诱它们，也没能让它们安静下来。看起来，它们想在钻进土里之前选择一个有利地点。在一块我精心给它们安排的土地上，犹豫不决的探索是没用的，因为我觉得瓶里的地表非常适合我期待它们干的工作，但似乎这还不够。

在自然条件下，若虫在周围巡回一圈可能是必不可少的。我的灌木叶腐殖土清除了所有硬物，还细细地筛过，这样的地方在自然条件下是很少见的。相反，它们的小足无法凿进的粗糙土地倒是很常见。所以若虫必须四处游荡，在找到有利地点之前，多多少少跋涉一番。毫无疑问，有很多若虫在毫无成效的寻觅中，筋疲力尽而死去了。所以，在几拇指宽的地方来回探索，就成了小蝉锻炼过程的一部分。在装备豪华的玻璃瓶里，朝圣是没有用的。但它才不管这些呢，仍然按照约定俗成的仪式完成朝圣。

终于，流浪儿安静下来了。我看见它们用前足像镐一样的弯钩在地面凿，把土挖出来，掘个洞，就像用一根很粗的针尖掘洞一样。借助放大镜，我看见它们挥动锄头，把一小块土耙到地面。几分钟后，一个小土穴微微打开了，小家伙钻进去，埋入土中，从此再也看不见了。

第二天，我把花瓶翻过来，但并不把土块弄碎，依靠百里香和麦子的须根托住土块。我发现所有的若虫都到了瓶底，被玻璃挡住了。在24小时之内，它们就穿过了大约一分米厚的土层。如果没有瓶底阻挡，它们可能会钻得更深。

一路上，它们大概已经碰到过我栽种的植物的须根。它们有没有停下来，把吸管插进去稍微吃点食物呢？不大可能。在空花瓶底，也有几根须根蔓延到那里，但是六个囚犯没一个待在那上面。不过也有可能，我翻倒花瓶的时候把它们摇下来了。

显然，在地下，它们只能靠根的汁液为食。无论是成虫还是若虫，蝉都是靠植物养活。成虫吸吮树枝上的汁液；若虫则吮吸根上的汁液。但是它什么时候开始汲取第一口的呢？我还不知道。之前的实验告诉我，刚孵出的若虫操心的，似乎是钻到泥土深处，躲避迫在眉睫的严寒，而不是驻留在一路上碰到的甘泉里畅饮。

我把土块重新安放好，我又一次将六个掘土工放在土面上。马上，土穴又挖好了，若虫消失在土穴里。然后，我将花瓶放到实验室的窗台上，外面的天气无论好坏，都会影响到它。

一个月过去了，11月底，我又一次去察看。小蝉一个个单独蜷缩在土块底，它们没有附在须根上，外貌和个头都没有变。我原来看见它们什么样子，现在还是那个样子，而且更没活力了。11月是严酷季节中最温暖的一个月，可是它们在这个月中没有生长，难道意味着它们整个冬天什么食物都不吃？

另一种小昆虫西芫菁，一孵化就钻到条蜂的地道里，大家聚在一起，一动不动，在完全的禁食中熬过恶劣的季节。小蝉看起来也是这样，一旦钻到用不着害怕霜冻的地底，它们就孤孤单单地在越冬营地里昏睡，等待春天来临，再把吸管插进身边的树根，开始吃第一顿点心。

我曾经想用观察的事实，来证明这些根据观测结果做的推断，但是没有成功。4月春回大地，我第三次把那丛百里香翻过来。我把土块捣碎，在放大镜下仔细地检查，简直就像在一堆稻草秸里找一根针。最终我找到了小蝉，它们已经死了，也许是因为太冷，尽管我在花瓶上扣了个钟形罩，也许是饿了，百里香不对它们的胃口。我放弃了解决这个太难的问题。要成功进行类似的饲养，需要一层又宽又厚的土壤，来躲避严酷的冬天；在不知道若虫喜欢什么植物的情况下，植物必须多种多样，好让若虫根据它们的喜好进行选择。这些条件并不是做不到，但是，在一小把黑色的腐殖土中，我已经花了那么大的工夫来找这小微粒般的若虫，那么在起码一立方米的庞大土堆中，我怎么找到这个小家伙呢？而且，辛苦的挖掘肯定会把小家伙从营养根上剥离下来。

蝉在地下的初期生活，避开了我的观察。然而，我对已经发育老熟的若虫也不很了解。在田野里劳动时，我经常会碰到那强壮的掘土工就在铲子下的泥土深处；但是，如果要突然逮着它附着在树根上，确定它以根汁为食，则另当别论。泥土的震动会警告它有危险，它会抽出吸管，退到地道里；如果把土拨开让它露在外面，它便不再吮吸汁液了。

农民挖地时不可避免地要惊扰若虫，不能让我了解蝉的地下生活习性，但至少可以告诉我若虫的生活期。几个好心的农夫，在3月深耕的时候，总会乐意把他们挖到的大小幼蝉全都给我捡回来，我就这样收集到了几百只若虫。根据明显的体形差异，幼蝉可以分成三类：大幼蝉，已经长出翅膀，就像若虫从地洞里钻出来时一样；

中等的；小的。各个不同大小等级的若虫，应该对应着不同的虫龄，如果再加上我那淳朴的合作者肯定发现不了初龄幼虫，那么我可以确定，南欧熊蝉在地下生活的时间大概是四年。

它在空中的生活时间比较容易估算。接近夏至，我听到第一声歌唱，一个月后，音乐会达到高潮。少见的几只迟到者，到9月中旬还在细声细气地独唱，这是音乐会结束的时候了。因为蝉出地洞并不都在同一时刻，那么，很显然，9月的歌唱家并不和夏至时的演奏家同时登场。取首尾两个日期的平均数，我可以知道，蝉在空中的生活时间大概是五个星期。

四年在地下艰苦劳动，一个月在阳光下欢乐，这就是蝉的生命。不要再责备成年的蝉狂热地高唱凯歌了吧！它在黑暗中待了四年，穿着皱巴巴的肮脏外套，用镐尖挖掘泥土；如今这个满身泥浆的挖土工，突然换上高雅的服饰，长着堪与飞鸟媲美的翅膀，沐浴在温暖的阳光下，陶醉在这个世界的欢乐中。为了庆祝得之不易而又如此短暂的幸福，歌唱得再响亮也不足以表示它的快乐啊！

第十八章 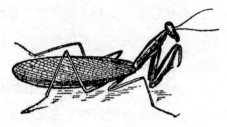 螳螂捕食

南方还有一种昆虫，至少同蝉一样令人感兴趣，不过名声要小得多，因为它从不出声。如果上天赐给它一副音钹，具备深得人心的第一要素，再加上非同一般的体形和习性，那么它准会让蝉这著名男歌手①的声誉黯然失色。我们这里的人把它叫作"祷上帝"，它的学名叫修女螳螂。

科学术语和农民朴素的词汇是吻合的，都把这古怪的生物看成是一个传达神谕的女预言家②，一个沉湎于神秘信仰的苦行修女。这种比喻由来已久，古希腊人早就把这昆虫称

修女螳螂

为"占卜士""先知"。农夫们也很容易做出这种类比，他们把从外表看到的模糊材料大大地加以补充。在烈日炙烤的草地上，他们看到这种昆虫仪态万方，庄严地半立着；它那宽大的绿色薄翼像亚麻布裙裾一样长长地拖曳在地；前足就像人的手臂一样伸向天空，活脱脱一副祷告的姿势。这就足够了，剩下的就由老百姓去想象好了。就这样，自古以来，就有了住在荆棘丛中发布神谕的女预言家和向上帝祈祷的修女。

幼稚无知的人啊，你们犯了多大的错误啊！它那祈祷的神情掩

---

① 蝉的雄虫腹部有发音器，喜鸣，故蝉中只有男歌手。——校注
② 雌螳螂善于摆出祷告的姿势捕捉猎物，故作者称其为女预言家。——校注

盖了残酷的习性；那向天祈求的双臂是可怕的掠夺工具，它并不拨动念珠，而是灭绝任何从旁经过的猎物。人们恐怕怎么也猜不到，螳螂竟是直翅目①食草昆虫里的一个例外，专以活的猎物维生。它是昆虫世界里和平居民中的老虎，埋伏着的吃人巨妖，把送上门来的新鲜嫩肉捉住吃掉。它的力气已经够大，再加上嗜肉的胃口、可怕而又完善的捕捉足，它的确不愧为田野里的霸王。这"祷上帝"差不多等同于穷凶极恶的吸血鬼了。

抛开它那致人死命的工具不说，螳螂一点也不让人觉得害怕。它轻盈的身体，高雅的短上衣，淡绿的体色，长长的翅膀像纱罗一样，它看起来甚至不乏优雅呢。它没有张开来像剪刀一样凶狠的大颚，相反，小嘴尖尖就像是啄食用的。它柔软的脖子从前胸里挺拔而出，头能够左右旋转，俯仰自如。在昆虫之中，只有螳螂能引导自己的视线，观察，打量，差不多还有面部表情呢。

它的整个身材，看起来这么安详，和那被贴切地形容为杀人机器的锐利前足相比，反差真是太大了。它的前胸异常长而有力，其作用在于能让它向前抛出狼夹子寻找猎物，而不是坐等送死鬼。捕捉器上有一点装饰美化，前胸内侧饰有一个美丽的黑色圆点，圆点中心有白色的斑块，同时还点缀着几行小小的珍珠。

它的前足腿节更长，像个扁平的梭子，内侧有两行尖利的钢锯。里面一行有12根长短相间的锯齿，长的黑色，短的绿色，锯齿长短交错，增加了啮合点，让这个武器更有效。外面一行就简单多了，只有4个刺齿。在双行钢锯末端还有3根巨齿，是所有刺中最长的。总之，腿节就是一把有双排平行刃口的钢锯，两行齿之间有一

---

① 现在的昆虫分类学已将螳螂从直翅目中划分出来，独立成螳螂目。——译注

道小槽，胫节折叠起来就放到小槽中间。

胫节与腿节相连，非常灵活，也是一把双面锯，齿牙更多更细密。跗节上有一个硬钩，钩十分锐利，与最好的钢针不相上下。钩的下面有一道细槽，细槽两侧有双刃刀，像修枝剪。

足上的硬钩是极其完美的刺割工具，曾给我留下了火辣辣的回忆。捉螳螂的时候，好几次，我刚抓住它，就给它钩住了。我双手抓着它，腾不出手来，只好请人帮我从这个顽固的俘虏的爪子下摆脱出来。如果不把插到肉里的硬钩拔出来，就想强行挣脱，那么我准会像扎了玫瑰花刺一样被划得一道道的，没有比螳螂更难对付的昆虫了。如果你想活捉它，手指便不敢用力过度，否则就会把这只昆虫掐死，结束战争；但是，它却会用修枝剪抓你，用钩尖戳你，用老虎钳夹你，让你简直无法招架。

休息的时候，螳螂把捕捉足折起来，举在胸前，看起来毫无伤人之意，这下它又是祈祷的昆虫了。但是一旦有猎物经过，祈祷的姿势顿时消失，捕捉足的三个部分陡然张开，它把跗节的硬钩抛到远处，钩住猎物后就往回收，把猎物抓到两把钢锯之间，接着，胫节弯向腿节，就像老虎钳夹紧了；之后，一切就结束了：不管是蝗虫、蝈蝈儿，还是别的更强壮的昆虫，一旦被那四行尖刺铰住，就彻底没命了。不管它们是拼命扭动，还是炝蹶子，可怕的杀人机器都不会松开。

如果想对螳螂的习性做系统的研究，在野外螳螂不受约束的情况下，是不可能行得通的，必须在室内饲养螳螂。饲养螳螂并不困难，只要吃得好，螳螂并不怎么在乎被关在钟形罩里。我每天都给它换上美味的食物，它对草坪也不太会有相思之苦。

我准备了一打宽敞的金属钟形罩，用来关螳螂囚徒，这些网罩原本是饭桌上用来挡苍蝇的。我将网罩放在装满沙子的瓦钵上，一簇百里香，一块以后给螳螂产卵的平石头，就是螳螂的全部家当。这些小屋，就放在实验室的大桌上，白天大部分时间，太阳都能光顾那里。螳螂就关在网罩里，有的是单独囚禁，有的是成群关押。

8月下旬，我开始在枯草地上和路边的荆棘丛中看到成年的螳螂了。肚子已经很大的雌螳螂一天天地多起来，它们瘦小的伴侣却很少见，我有时要花好大的力气才能给网罩里的雌螳螂补充配偶，因为网罩里经常发生雄性小矮子被吃的悲剧。惨剧待会儿再说，我先谈谈雌螳螂。

雌螳螂食量非常大，喂养的时间又长达几个月，要喂养它们并不那么容易。差不多每天我都得给它们更换食物，可大部分食物都只是被尝了几口，就被它们不屑一顾地浪费了。我觉得，在它们出生的荆棘丛中，螳螂们要节省得多。在野外，野味并不多，每次抓到的猎物，它们都会吃个精光。可在我的网罩里，它们却挥霍无度，常常是咬了几口，就把肥美的嫩肉丢在地上，再也不去吃它。看起来，它们是以此排遣自己的囚禁之苦吧。

要应付它们的奢侈消费，我只能请求援助。附近三两个无所事事的小家伙，在面包片和西瓜块的收买下，早晚都跑到周围一带的草坪上，把芦苇秸编的小笼子装满欢蹦乱跳的蝗虫和蝈蝈儿。我呢，也手里拿着网，每天在荒石园里巡视一圈，想给我的食客们弄点高级野味。

这些上等的野味，我是用来实验螳螂的胆量和力气能大到什么地步。在众多食物中，灰蝗虫的个头比吃它的雌螳螂大多了；白额螽斯的大颚强壮有力，我们的手指都要当心被它咬伤；古怪的长鼻蝗虫戴着金字塔样的帽子；葡萄树距螽的音钹发出吱吱嘎嘎的声音，滚圆的肚子末端还长着一把大刀。在这群难以下咽的野味拼盘中，还要加上两个恶魔，就是我们地区最大的两种蜘蛛：一个是圆网丝蛛，它的肚子像个圆盘，边缘有彩花装饰，有一枚20苏的硬币那么大；另一种是冠冕蛛，外貌粗野，大腹便便，令人害怕。

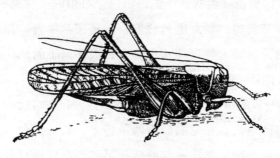

白额螽斯

　　当我看到螳螂向我放进网罩里的所有昆虫勇猛地发起进攻时，我就毫不怀疑它在自由的时候，也会向这样的对手挑起战争。在金属网罩之下，它利用我慷慨提供的财富；那么，它埋伏在草丛中时，大概利用的就是偶然送上门来的肥美的意外之财了。所以，这种危机重重的猎捕并不是心血来潮，而是它日常的习惯。尽管如此，我还是很少看到它这样捕猎，因为没有机会，这也许是螳螂的最大遗憾。

　　各种各样的蝗虫、蝶蛾、蜻蜓、大苍蝇、蜜蜂，还有其他中等个子的昆虫，都是它锐利的前足能抓到的猎物。在网罩里，勇猛的女猎手从来没有退缩过。灰蝗虫和螽斯，圆网蛛和长鼻蝗虫，这些昆虫迟早都会被它钩住，在它的锯齿中变得无法动弹，被津津有味地吞吃掉。螳螂猎捕还真值得大书特书。

　　看到网纱上的大蝗虫冒冒失失地靠近，螳螂痉挛似的惊跳起来，突然摆出可怕的姿势，即使是电流激荡也不会产生这么迅速的效果。它的转变是如此突然，架势那么吓人，经验不足的观察者肯定马上会犹豫起来，把手缩回去，担心发生什么意外之险；即使像我这样的老手，如果心不在焉，也会不自禁地大吃一惊，好像不经意之间，在你面前突然从盒子里弹出一个可怕的小魔鬼一样。

螳螂打开前翅，斜着甩到两侧；后翅完全展开，像两片平行的船帆立起来，如同大鸡冠高耸在背上；腹部向上卷成曲棍，抬起又放下，猛然抖动，放松，发出喘气似的声音，"扑哧""扑哧"，让人想起火鸡开屏的声音，又好像受惊的游蛇一口一口地吐着气息。

螳螂高傲地伫立在它的后面四条腿上，长长的前胸挺得差不多垂直。原来折叠起来贴在胸前的捕捉足，现在完全打开了，交叉成十字形伸出来，露出腿基下的几行装饰性珍珠粒和一个中心有白斑的黑圆点。这两个斑点，有点像孔雀尾巴上的斑点，还带着浅浅的象牙质般的凸纹。这是它打仗时的宝物，平常都收藏起来，只在战斗中自命不凡、自以为是的时候，才从珠宝盒子里拿出来炫耀。

螳螂就保持着这种奇特的姿势一动不动，监视着蝗虫，眼睛盯着对方，只要对手移动，它的头也跟着微微转动。它摆出这种姿势，目的很明显：螳螂想恫吓这个强大的猎物，想令它恐惧，把它吓得不能动弹。如果对手没有被这可怕的姿势挫败锐气，可能就过于危险了。

它的目的达得到吗？谁都不知道，在螽斯那光光的脑门下和蝗虫长长的面孔后面，究竟发生了什么。从它们那无动于衷的面孔上，我察觉不到任何不安的信号。但是，受到威胁的昆虫肯定是知道有危险的。它看到面前挺立着一个幽灵，铁钩举到空中，准备扑过来；它感到自己正面对着死神，现在还来得及，它却没有逃走。

它大腿粗壮，是擅长蹦跳的跳远健将，本来可以轻易地从幽灵的铁爪下跳走，却傻乎乎地停在原地，甚至还慢慢地靠近。

据说小鸟会在蛇张开的大嘴前吓瘫，被这爬行动物的目光吓呆，听任自己被抓住而没法飞走。很多时候，蝗虫差不多也是这样。它现在已经落入了摄住它心魂的螳螂的势力范围之内，螳螂的两个大弯钩猛扑下来，捕捉足合拢，两把锯子闭合夹紧。可怜虫反抗也没用，它的大颚咬不到螳螂，它拼命地刨蹶子，也踢空了。它活该吃这样的苦头。螳螂收起翅膀，这是它的军旗，恢复正常的姿势，开始用餐。

比起灰蝗虫和螽斯，进攻长鼻蝗虫和距螽的危险就要小得多，螳螂摆出的幽灵般的姿势没有那么吓人，时间也不长，它只要把大弯钩抛出去就够了。对待蜘蛛，

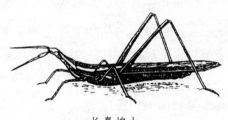

长鼻蝗虫

它也只需要把身子横着抓过来，根本用不着担心蜘蛛的毒钩。那种普通的蝗虫，不管在网罩笼子里还是在野外，都是螳螂的家常便饭，螳螂很少恫吓它，只是把走进势力范围的冒失鬼抓住就行了。

如果猎物的反抗不可等闲视之，那么螳螂就必须摆出那个姿势，恫吓威慑住猎物，让它的钩子找到一种肯定能钩到猎物的方法；之后，它的狼夹子才把那精神不振、无法抗拒的牺牲品夹紧。螳螂就这样突然摆出幽灵般的姿势把对手吓呆。

螳螂摆出怪姿势的时候，翅膀起了很大作用。螳螂的翅膀很宽大，边缘是绿色，其余部分无色半透明。翅膀上有很多脉络，像扇子一样散开来，纵向穿过翅膀。纵向翅脉之间还有很多更纤细的

横向翅脉，两者切割成直角，形成无数的网眼。螳螂摆出幽灵姿势时，翅膀就展开来，立成两个平行的平面，差不多挨在一块，就像白天蝴蝶休息时翅膀的形状一样。在两翅之间，螳螂上卷的腹部末端突然冲动似的动起来，摩擦翅膀上的翅脉网，发出喘息似的声音，我曾将它比作游蛇在防守时吐信子的声音。我只要把指甲尖迅速地擦过螳螂张开的翅膀，就可以模仿出这种奇怪的声音。

雄螳螂是必须有翅膀的。这个瘦弱的小矮子为了交配，必须在荆棘丛中流浪。它的翅膀相当发达，足够让它飞跃。它飞得最远的时候，一步差不多相当于我们走四五步。这个没用的家伙吃得很少，网罩里强壮的雄螳螂很少，我看到它吃的是瘦弱的蝗虫，一个很不起眼的最没有杀伤力的猎物。雄螳螂不懂那幽灵般的姿势，这姿势对这个没什么野心的捕食家也没有用处。

与此相反，雌螳螂因为肚子里的卵成熟了而胖得出奇，有必要留下翅膀吗？雌螳螂爬、跑，但从来不飞，因为丰满的身体太重了。那么，翅膀于它有什么用呢？

灰螳螂

如果再看看修女螳螂的近邻灰螳螂，这个问题就会变得越加迫切。灰螳螂的雄性长着翅膀，能迅速地飞跃；雌性拖着满是卵细胞的大肚子，翅膀缩得小小的，不发达，就像穿了一件奥弗涅和萨瓦[①]地区奶酪师的短燕尾服一样。对这个不需要离开干草地和碎石堆的虫子来说，短削的紧上衣比那没用的绮罗盛装更适合。那碍事的翅

① 奥弗涅：法国中南部的旧省区。　萨瓦：法国东南部与意大利、瑞士接壤的边界地区。——译注

膀，灰螳螂只留了一点，它是正确的。

那么，雌螳螂根本不飞跃，却保留甚至扩大它的翅膀，就错了吗？一点也不，因为螳螂要捕食很大的猎物。有时，在它潜伏的地方，会出现难以驯服的猎物，直接攻击也许会送命，最好先吓唬吓唬这些不速之客，用恐惧把它们的防御能力压下去。正是出于这个目的，它才会突然展开翅膀，展现那像幽灵的白布。宽大的翅翼虽然不能飞翔，却是捕猎的工具。这个计谋对个头小的灰螳螂就不必要了，它只捕捉一些弱小的猎物，比如小飞虫、蝗虫的小若虫。尽管这两个女捕猎家习性相同，都因为太肥胖而没法飞跃，但它们的外套却是根据捕猎的难度量身定做的。一个是强悍的女战士，把翅膀张开成威风凛凛的军旗，另一个只是普通的捕鸟人，把翅膀削成窄窄的燕尾。

几天没吃饱，螳螂在极度饥饿的时候，会把体形和它一般大，甚至比它还要大的灰蝗虫整个吃掉，只剩下太干硬的翅膀。吃这么大一个野味，两个小时就够了，这样的食肉巨妖真是罕见啦！我曾经目睹过一两次这样的情形，心里总是在想，这个贪吃之徒到哪里找地方容下这么多的食物呀，容量必小于容器的定律，怎么就为了它而颠倒了呢。它的胃的高超特性让我钦佩不已：食物只是从中经过，马上就消化，溶解，消失不见了。

在网罩里，螳螂的食物通常是蝗虫，各种各样大小和种类的蝗虫。观看螳螂用锐利的前足上的老虎钳夹住蝗虫啃咬，也是颇有兴味的。尽管螳螂小嘴尖尖，看起来并不怎么习惯大吃大喝，但那一大块野味却全被它吃掉了，只剩下翅膀，而且翅膀根有一点肉的地方也被它利用了；足、坚硬的外皮，都进入到了它的肠胃中。有时，螳螂抓住蝗虫肥大的后腿，送到嘴边，津津有味地咀嚼，露出满意的神情。也许蝗虫鼓鼓的大腿是一块上好的肉，就像我们吃的羊后腿一样吧。

螳螂从颈部开始进攻抓到的猎物，它用一只前足把猎物拦腰钩住不动，另一只足按住猎物的头，掰开后面的脖子。螳螂的尖嘴就从颈后没有护甲的地方探进去，坚忍不拔地一口一口地轻轻啃咬，就这样，它在猎物颈上打开了一个大口。炮蹶子的蝗虫安静下来，成了一具没有知觉的尸体；之后，这个食肉虫行动就自由多了，可以自由选择它想吃的肉块。

满蟹蛛

对第一口先咬颈部的现象，大家可能只知道这是一贯做法，而不知其理由何在。我离题片刻，来搞清楚个中原因。6月，我常常在荒石园里的薰衣草上看到两种蟹蛛：金钱蟹蛛和满蟹蛛。一种身上白得像缎子，足上有一圈圈红色、绿色的环；另一种黑得发亮，腹部有红圈，并点缀着叶状的斑点。这两种美丽的蜘蛛，走起路来像螃蟹一样横行。它们不知道结网捕食，它们吐的那一点丝是专给卵做卵袋用的，所以它们的捕猎战术就是埋伏在花朵上，出其不意地扑向前来采蜜的猎物。

它们最喜欢的野味是蜜蜂。我多次看见它们抓住那些俘虏，不是突然咬住猎物的脖子，就是咬住身上其他任何部位，甚至是翅尖。不管是什么情况，蜜蜂都垂着足吊着舌头死了。插进脖子里的毒钩引起了我的思考，它和螳螂进攻蝗虫时的做法，有惊人的相似之处。我思忖：这小小的蜘蛛，娇嫩的身上每个地方都极其容易受伤，它怎么能抓到像蜜蜂这样的猎物？蜜蜂可比它强壮敏捷得多，而且还有一根致人死命的螯针做武器呀！

在攻击者和被攻击者之间，无论是身体的强壮还是武器的强大，都很不成比例；如果进攻者不运用丝网来挡住那可怕的猎物，缚住它的手脚，这样一场博斗看起来根本是不可能的。反差如此之大，不亚于绵羊竟敢冲进狼口。然而，莽撞的进攻居然发生了，而且胜利总是在弱者一边，我看到很多蜜蜂死去就是证明，它们都是被蟹蛛吸了好几小时液体之后死去的。相对弱的一方应该有某种特殊的技艺来补偿；蟹蛛也应该有某种战略，帮它克服看起来无法战胜的困难。

如果就站在薰衣草旁窥伺，很可能长时间都徒劳无功；我还是主动给它们的决斗做些准备为好。我把一只蟹蛛、一束薰衣草罩起来，在花上滴几滴蜜，再将三四只活蜜蜂放到网罩里。

蜜蜂并不在意这个可怕的邻居，它们在金属围墙周围飞来飞去，不时到沾了蜜的花上吸一大口，有时离蜘蛛很近，几乎隔了不到半厘米。看起来它们完全不知道有危险，多年的经验丝毫没有让它们知道有这么一个危险的屠杀者。一旁的蟹蛛在花蕊上一动不动，就在蜜滴旁边。它那前面四只很长的足张开，稍微抬高，准备出击。

一只蜜蜂来蜜滴上饮蜜，是时候了，蟹蛛扑了上去，用毒钩抓住冒失鬼的翅尖，前足不自然地把蜜蜂勒紧。几秒钟过去了，蜜蜂竭力挣扎，但是进攻者在它的背上，它的螯针刺不到。肉博战不会持续多久，被勒紧的蜜蜂就会挣脱。于是蟹蛛放开蜜蜂的翅膀，忽然一下咬住猎物的脖子。一旦毒钩插进去，博斗就结束了，死亡随之而来。蜜蜂像被雷击一样，它的活力只剩下跗节微弱的颤抖，它最后抽搐几下，很快就再也不动了。蟹蛛还一直抓着猎物的颈子，美美地吮吸蜜蜂的体液，而对蜜蜂肉却碰也不碰。蜜蜂颈子上的血慢慢被吸干了以后，蟹蛛就另外随便换个部位，比如腹、前胸等等。因此，我可以解释，为什么我在室外观察时，会看到蟹蛛的螯牙有时是插在蜜蜂的脖子上，有时又是其他的部位。前一种情况是这个猎物刚被捉到，蟹蛛还保持着刚开始的姿势；后一种情况是猎物已经抓住很久了，蜘蛛已经把颈部的血吸干了，就放开它的脖子，去咬另外一个汁液丰富的部位。

这个小吸血鬼慢慢地、贪婪地饱饮猎物的体液，左右移动它的毒钩，直到把猎物的体液吸干为止。我曾经见过它连续吸了七个小时，直到我去察看时不小心惊动了它，它才把猎物放开。蟹蛛将牺牲者的尸体就这么扔掉，猎物已经没有任何价值了。尸体上没有任何咀嚼过的痕迹，也没有明显的伤痕，蜜蜂的体液已经干涸。

死去的好伙伴猎狗布尔，喜欢运用咬对手脖子肉的伎俩，因为当务之急是控制对手的毒牙。布尔的方法就是狗惯用的方法，它张大嘴低吠，口吐白沫，准备咬住对手；由于天性谨慎，它咬住对手的脖子，让它无法移动。蟹蛛在和蜜蜂的战斗中，目标和布尔的不一样。对它的猎物，蟹蛛要怕的是什么呢？是螯针，这可怕的刺刀稍微刺一下，都会让它痛苦难当，不过蟹蛛根本不在乎。它想要进攻的只是脖子后面的部位，只要猎物还没死，它就绝不会咬其他地方。尽管狗咬住敌人，让敌人头不能动的策略危险系数要小一些，但蟹蛛并不打算模仿。它的抱负更高，蜜蜂像触电一样死亡就是明证。只要被咬住颈部，蜜蜂很快就会死去，它的神经中枢被毒液毒害，生命之火也就马上熄灭了。蟹蛛因此就避免了一场持久战，因为战斗拖得越久，肯定对它这个进攻者越不利。蜜蜂拥有的是锋锐的利器和力量，而纤弱的蟹蛛则深谙杀人的技巧。

　　我再来说说螳螂。蜘蛛能巧妙地杀死蜜蜂，螳螂也具有小蜘蛛所擅长的迅速致敌于死地的战术。有时它会逮着强壮的蝗虫或有力的蝈蝈儿。这时它最希望能太太平平地享用，不用害怕不甘心任人宰割的猎物会突然惊跳挣扎。螳螂的对手主要的抵抗工具是后腿，它们的后腿尥起蹶子来是有力的棍棒，而且还长着锯齿，万一不幸触着了螳螂的大肚子，准会让螳螂开膛破肚。别的防御手段虽然威胁要小一些，但猎物的手脚拼起命来乱踢乱蹬，同样是不好对付的，螳螂怎样才能让这些抵抗失效呢？

　　把猎物一块一块地肢解开来，在紧急关头还是可行的；当然时间要长一些，而且不无风险。然而，螳螂有更好的办法，它了解颈部的解剖学秘密，它首先从后面进攻俘虏的颈部，啃咬颈部的神经节，消灭生命之源里的肌肉活力；这样，俘虏就无力挣扎，当然它不是立刻就完全停止了反抗，因为蝗虫强壮的生命力不会像蜜蜂那么纤细脆弱；但只要螳螂几口咬下去，就已经足够了。很快，俘虏不再尥蹶子，一切的反抗活动都停止了；再大的野味，螳螂都可以安然无恙地享用。

　　以前，我曾把那些狩猎昆虫分成麻醉猎物的和杀害猎物的两种，这两种狩猎昆虫都以深知解剖学而让敌人害怕。现在，在那些屠杀猎物的昆虫中，又要加上擅长攻击对手脖子的蟹蛛，以及为了自在地吞食强大的野味，而先咬颈部神经节让其不能动弹的螳螂。

第十九章 🪳 螳螂的情爱

关于螳螂的习性，刚才我所了解的和它的俗称让人联想到的，不大相符。从"祷上帝"这个字眼，人们原以为它是一个与人为宁的昆虫，虔诚地静修；结果人们却发现面前站着的是一个吃人魔王，一个凶恶的幽灵，专门咬被它恫吓住的俘虏的颈部。然而，这还不是最惨无人道的一面。对它的同类，螳螂保留的某些习性，也是极其凶残的，即使声名狼藉的蜘蛛也比不上它。

为了减少桌子上网罩的数量，能够有宽一点的地方，同时又保留必要的设置，我在同一个网罩里放了好几只雌螳螂，有时甚至有一打之多。这个大居室的空间还是合适的，它们自由活动的地方也足够；再说，雌螳螂的肚子大了，身体太重，也不大爱行动。它们攀在罩顶的金属网上，一动不动地消化食物，或者等着猎物经过。它们在自由的荆棘丛中也是如此。

同居是有风险的。我深知，草料架上没了干草，脾气再好的驴子也会互相争斗。我的这些食客本来就不那么喜欢当和事佬，一时的缺粮很可能脾气会更暴躁，互相攻击起来。因此，我特别留意让网罩里总有足够的蝗虫，而且每天换两次；那么即使内战爆发，也不可能找饥饿作借口。

刚开始，事情进展得还不错，网罩里的居民相安无事，每只螳螂都只是在它的势力范围内逮猎物来咀嚼，不去找邻居的碴。不过和平时期很短，雌螳螂的肚子一天天鼓起，卵巢里成串的卵细胞日渐成熟，随着交配和产卵的时期的临近，强烈的嫉妒心苏醒了，尽管网罩里并没有雄螳螂可以让雌性之间为了异性而争夺。卵巢的变化腐蚀了整群雌螳螂，唆使它们疯狂地互相残杀。于是网罩里出现了威胁、肉搏战和捕食者的盛宴，出现了那幽灵般的姿势、翅膀的抖动声、铁钩伸展开来举到空中的吓人动作。即便是面对灰蝗虫或白额螽斯，螳螂们摆出的示威姿势也不会更吓人。

突然，我猜不出有什么原因，让两只相邻的螳螂摆出战斗的姿势。它们左右转动着头，互相挑衅，彼此眼中充满蔑视的目光，翅膀擦着肚子发出"扑""扑"声，吹起了冲锋号。如果这场决斗只是轻微交锋，没有更严重的后果，那么强盗们弯曲的劫持足就会像书页一样张开，放到两侧护住顾长的胸部。这是绝好的姿势，比起那要进行死仗的姿势，不那么吓人。

接着，一只螳螂的铁钩突然松开，伸长，击中对手，然后又迅速地撤退防守。对手也进行反击。这种剑术有点像两只猫打架。如果一只螳螂柔软的肚子上稍有血迹，有时甚至没有受伤，这只螳螂就会认输撤退。另一只也收起战旗走开，酝酿着去捕捉蝗虫；它表面平静，其实一直准备着重新开战。

很多时候，战争的结局会更悲惨，战败者绝望地摆出决斗姿势，捕捉足展开举在空中。可怜的战败者被胜利者用老虎钳掐住，正准备开吃，当然是从颈部开始。丑恶的吃人狂就像咀嚼一只蝈蝈儿一样平静，像吃合法美食一样品尝它的姊妹；围观者不但没有表示反对，而且希望一有机会自己也这么干。

啊，凶残的昆虫！据说狼是不吃同类的，可螳螂却根本无所顾忌；即使四周满是它喜爱的野味蝗虫，它也把同类作为美餐，就像有吃人肉者那可怕的怪癖一样。

螳螂孕妇的反常行为和强烈的古怪愿望，甚至达到令人反感的程度。我们来看看螳螂的交配。为了避免混乱无序，我把一对对螳螂分别放在不同的网罩里。每一对一个小窝，没有谁会去打扰它们交配。而且，我还提供给它们充足的食物，免得饥饿的因素掺杂进来。近8月末，雄螳螂这个瘦弱的求爱者觉得时机成熟了，它朝强壮的伴侣频送秋波，侧着头，弯着脖子，挺起胸膛，尖尖的小脸简直就是一张多情的面孔。它就这样长时间一动不动地凝视着爱慕的对象。雌螳螂没有移动，好像无动于衷似的。然而那多情的人却抓住了一个同意的信号，我至今还不知其中奥秘。它靠上前去，突然展开翅膀，抽搐似的颤动。这就是它的爱情表白。这瘦弱的家伙扑到肥妞的背上，竭尽全力缠在上面，固定下来。通常婚礼的序曲是很长的；最终交配完成了，交配时间也很长，有时长达五六个小时。

这对配偶始终一动不动，没什么值得注意的。最后它们分开了，不过马上又更亲密地粘在一起。穷小子是因为能为卵巢提供精子而被大美人爱上，它同时也是作为美味的猎物而被大美人青睐的。就在交配完的当天，至迟第二天，雌螳螂就抓住它的配偶，按照习惯先啃颈部，然后一小口一小口有条不紊地把爱人吃得只剩下翅膀。这不再是因为同类之间闺房内的嫉妒了，肯定是低级趣味。

我好奇心起，想知道这只刚受精的雌螳螂会怎样对待第二只雄螳螂。我的实验结果是惊人的，大多数情况下，雌螳螂绝不厌倦配偶的拥抱，也从没在大口咀嚼配偶中满足过贪欲。不管有没有产过卵，它休息过后，同意了第二只雄螳螂的求婚，然后又像对待前夫一样把它吞掉。接着，第三只雄螳螂履行职责后又被吞吃了；第四只的命运也差不多。在两周内，我就这样看着同一只雌螳螂吃了七只雄螳螂。它委身于所有的雄螳螂，但是它要所有的雄螳螂为新婚的喜悦付出生命的代价。

雌螳螂的狂欢很常见，但欢庆程度各不相同，当然也有一些例外。天非常热的时候，爱情的电流很强，狂欢几乎是普遍的规律。这样的天气里，螳螂们情绪激动，在群居的网罩里，雌螳螂们会更加疯狂地彼此撕咬；在每对配偶单独隔开的网罩里，交配后，雄螳螂会越加被当作普通猎物对待。

为了给雌螳螂如此凶残地对待配偶找到借口，我心里想：在野外，雌螳螂不会这么做；雄螳螂完成任务后有时间逃走，走得远远的，逃离这个可怕的"毒妇"，因为在网罩里，它才被判了死刑，有时要延迟到第二天才被吃掉。我不知道草丛里事情的真相，只靠偶然在野地里收集的一星半点情况，绝不可能了解到螳螂在自由时的情爱状况，我不得不求助于网罩里发生的事情。关在网罩里的俘虏们晒着太阳，吃得肥肥的，住宅也很宽敞，看起来绝没有染上思乡病。它们在网罩里的行为，也应该是在正常情况下的行为。

网罩里发生的事情，驳回了雄螳螂有时间逃开的理由。我无意中撞见一对极其恐怖的螳螂：雄螳螂沉浸在重要的职责中，把雌螳螂抱得紧紧的；但是这个可怜虫没有头，没有颈，连胸也几乎没有了；而雌螳螂转过脸来，泰然自若地啃咬温柔的爱人剩下的肢体；被截肢的雄螳螂竟然还牢牢地缠在雌螳螂身上，继续享受爱情的甜蜜！

以前有人说过，爱情重于生命。严格地说，这句格言从没有得到这么明显的证实。脑袋被砍掉，胸部被截去，这么一具尸体仍然坚持要给卵巢受精。只有当生殖器官所在的肚子被剪掉时，它才松手。

如果说在婚礼结束后把情郎吃掉，把那衰竭的、从此一无用处的小矮子当作美食，对这种不大顾忌感情的昆虫来说，在某种程度上还是可以理解，那么，还在进行婚礼的时候就咀嚼起情人，则超出了任何一个残酷的人所能想象的。但是我却看到了，亲眼看到

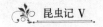

了，而且至今还没从震惊中回过神来。

　　雄螳螂在交配时突然被抓住，能逃避躲开吗？当然不能。螳螂的爱情和蜘蛛的爱情一样惨无人道，甚至还有过之而无不及。我承认，网罩狭窄的空间更有利于屠杀雄螳螂，但杀戮的原因必须到别处去寻找。

　　也许这是某个地质时期残存的记忆吧。在石炭纪，昆虫在野蛮的交配中现出雏形，包括螳螂在内的直翅目昆虫，在昆虫世界是最早出现的。它们是粗野的不完全变态的昆虫，已经很繁荣，在树荫之间游荡；而那时，那些变态复杂的昆虫，比如蝶蛾、金龟子、苍蝇、蜜蜂，还都不存在。在为了生殖而急于摧毁的狂野时期，昆虫的习性都不温柔；而螳螂，很可能现在还对以前的种种留有模糊的回忆，继续维持以前的情爱习俗。

　　把雄性当作猎物吃掉，螳螂家族里的其他一些成员也这么干，我自然把它当作是螳螂的一般习性。灰螳螂个头小小的，在网罩里也不惹是生非，虽然网罩里居民众多，但它们从不找邻居的碴；可它们也抓住雄虫，像修女螳螂一样凶残地吃掉配偶。我已经厌倦四处奔走，为这些雌螳螂补充必要的雄螳螂，我常常是一找到轻盈敏捷的雄虫放进网罩里，它马上就会被一只不再需要协助的母大虫抓住吞吃掉。一旦两种雌螳螂的卵巢得到满足，它们就厌恶雄性，或者只把它看成是一块美味的猎物。

第二十章　螳螂的窝

螳螂的爱情那么惨无人道，我们还是来看看它好的方面吧。螳螂的窝简直是个奇迹，科学用语称它的窝为"卵鞘"。我不想滥用奇怪的字眼，既然人们不说"燕雀蛋巢"而说"燕雀窝"，那么，我在指螳螂窝的时候，为什么非得用巢、卵鞘不可呢？尽管那可能是更科学的术语，但不关我的事。

几乎朝阳的地方都有修女螳螂的窝：石头、木块、葡萄树根、灌木枝、干草秸，甚至人造物，如砖块、破布、旧皮鞋的硬皮。任何东西只要凹凸不平能够把窝粘住，牢牢地支撑住，它都可以在上面做窝，没什么区别。

窝通常长4厘米，宽2厘米，颜色像金黄的麦粒。它在火中烧起来很旺，散发出淡淡的微焦的丝味。其实，做窝的材料就与丝相似，不过不是像丝一样拉长，而是像泡沫一样凝固成团。窝如果是固定在树枝上，底部便包裹住挨着的小枝，形状随支撑物的起伏而变化；如果是固着在一个平面上，窝底就呈平面状，紧紧地和支持平面贴在一起。这时窝呈椭圆形，一头圆钝，另一头细尖，常常有一个短短的像船头似的延伸部分。

不管是什么情况，窝的表面总是有规则的突起，可以分成三个很明显的纵向区。中间部分最窄，两行并排的小鳞片，像屋瓦似的重叠。小鳞片的边缘是空的，留下两行微微展

螳螂的窝

开的缝隙，螳螂若虫孵化时就从缝隙里出来。在一个刚被小螳螂抛弃的窝上，中间部分挂满了小螳螂蜕下的外皮，一有微风就摇动起来；在露天里经受风吹雨打，外皮很快就会消失。我把这个部分称之为出口区，因为只有沿着这个长条地带，利用这个事先安排的出口，小螳螂才能获得自由。

这个可容纳众多后代的摇篮，其他部分都是不可穿越的壁垒。窝两侧的地带占了椭圆形的绝大部分，表面连接得非常好。这些地方质地坚硬，刚出生的螳螂若虫太虚弱，根本就不可能从中出来。窝的两侧表面有无数条细小的横条纹，是窝壁分层的标志，螳螂卵就分布在每一层窝壁后面。

把窝横向切开，我看到，卵像一个长长的核，很坚实，核两侧覆盖着一层多孔的厚皮，有点像凝固的泡沫。核上部簇立着弯弯的薄片，排列得非常紧密，差不多可以活动，薄片顶端挨着出口区，在出口区形成两行重叠的小鳞片。

卵就裹在淡黄色的角质外壳之内，沿着圆圈分层排列，头部汇集到出口区。根据这种排列方向，我知道了螳螂若虫出来的方式。新生儿就从果核的延伸部分，即相邻两块薄片之间留下的空隙中钻出来；它们在那里找到了狭窄的通道，虽然通道很难穿越，但是借助我稍后将要研究的奇特工具，还是能够穿过的。它们就这样到达了中央的长条地带。在那里，重叠的小鳞片之下，有两个出口留给每一层的卵，一半卵从左门出来，另一半从右门出来。整个窝的每一层的结构都相同。

螳螂窝的详细结构，没有亲眼见过的人很难弄明白。所有的卵沿着窝的中心线层层聚集，形成海枣核的形状。核外包着凝固的泡沫状保护层，只有到了保护层的中间区域，泡沫状的多孔层才被并列的两块薄片代替。两块薄片露在外面的一端形成出口区，以两行小鳞片叠合在一起，并给每一层卵留出两个出口，形成两条窄窄的缝隙。

目睹螳螂造窝，看看它怎样动手建造这么复杂的工程，是我研究的重点。我做到了，但是费尽心机，因为螳螂是随意产卵，而且几乎总在夜里。在很多徒劳的等待之后，机会终于垂青我了。9月5日，一只8月29日受精的雌螳螂，将近凌晨4点，居然就在我的眼前产卵了。

在观看它工作之前，请注意一点：金属网罩中众多的螳螂窝，都无一例外地以金属网纱为支点。我曾精心为螳螂安排了几堆凹凸不平的石块和几束百里香，这些都是它们在野地里常用的支持物。但俘虏们偏爱铁丝网，因为造窝时，最初柔软的建筑材料可以嵌到铁丝网眼里去，窝就非常坚固。

在自然条件下，窝没有任何遮挡，必须经受严冬恶劣的气候，必须抵抗风雨霜雪的侵袭，而不脱落松散。所以产妇总是选择一个凹凸不平的支持物，以便把窝的底座紧紧粘在上面。如果条件允许，螳螂喜欢在一般的支持物中选好一点的，在好中选更好的；这大概就是它为什么总是选择金属网纱的原因。

这只唯一可以让我观察它产卵的螳螂，攀在网罩顶附近，身体倒悬。我用放大镜观察也丝毫打扰不了它，它完全沉浸在产卵之中。我可以把金属网罩掀开，倾斜、颠倒、转来转去，即使这样，螳螂也一刻没停止工作。我还可以用镊子稍稍抬起它那长长的翅膀，看清楚下面事情的进展，螳螂也毫不在意。一切都很顺利，产妇一动不动，无动于衷地忍受我这个观察者的种种鲁莽行径。可这又怎么样呢，事情并不是如我所愿地发展，因为它行动迅速，而我

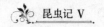

观察起来又困难重重。

螳螂腹部末端总是浸在一团泡沫之中，我不可能捕捉它行动的细节。泡沫灰白而略带黏性，差不多像肥皂泡。刚出来的泡沫轻轻地粘在我伸进去的麦秸尖上，两分钟后，泡沫凝固了，就再也粘不住麦秸了，泡沫在很短时间内就变得和老窝上的物质一样坚硬。

窝上的多孔材料大部分就是这些包着气体的小泡泡形成的，这气体使得整个窝的体积比螳螂的肚子大得多；尽管泡沫是在生殖器口出现的，但是，很明显，气体不是来自螳螂体内，而是从空气中吸收而来。所以螳螂主要是利用空气造窝，让窝能够抵抗恶劣的天气。螳螂排出像某些幼虫的丝液一样的黏液，然后，马上把黏液与外界空气混合，产生泡沫。螳螂搅拌黏液，就像我们搅鸡蛋清一样，让它鼓起，冒泡。螳螂腹部末端张开了一长条裂缝，像两片小勺；螳螂以极快的动作，不停地把两片小勺合拢、张开，搅拌黏稠的液体，于是液体一排到体外就变成了泡沫。从外面看，我能从那两片张开的小勺中，看见它体内的器官像活塞杆一样，上下来回地运动，但是因为它们浸在不透明的泡沫团中，我不可能看清楚动作的细节。

螳螂的臀节总是在颤抖，迅速地将两个小裂瓣一开一关，像钟摆似的从左到右又从右到左地摆动。螳螂每摆动一次，就在窝里产下一层卵，而窝外就有了一条小横纹。它这么画着弧圈快速前进，间隔时间又很短，而包着它的泡沫越来越多，好像它戳穿了珍珠泉的底部似的。毫无疑问，它每摆动一次，都产下一枚卵；但是事情发展得太快，而且又不利于观察，我不可能一次就看清楚产卵管的运动，只能通过臀节的运动判断是否产卵的；而臀节就像突然跳进了水中，越浸越深。

　　与此同时，黏液如阵雨般倾泻而出，在尾部两个小裂瓣的搅拌下变成泡沫，被涂到窝的底部和每层卵的外面。窝的底座就是在这些泡沫和在螳螂臀节的压力下，被挤进金属网眼里，突出来。随着卵巢慢慢排空，海绵状外层也就慢慢形成了。

　　虽然不能直接观察，但我猜想在窝的核心，卵包在一个比外层更均匀的物质之中，因为在那里，螳螂是直接利用它排出的物质，而没用小勺搅动起泡；它产了卵，两个小裂瓣才搅起泡沫把卵包住。不过，这些猜想在泡沫的遮盖下很难澄清。

　　在新窝的出口区，涂着一层有细密气孔的材料，纯白无光，就像白石灰，和整个窝的灰白形成对照。这层材料就像是糕点师傅把蛋清、糖、淀粉掺和起来，用来制作装点蛋糕的东西一样。这雪白的涂层很容易破裂脱落，当它脱落消失后，出口区就非常清楚地露出来，那一端自由的两列小薄片也露出来了。风雨迟早会把这涂层片片撕去；这就是为什么老窝一点也没有留下雪白涂层的痕迹。

　　乍一看，人们可能会误以为这雪白涂层的材料和窝其他地方的材料不一样。那么，螳螂是不是真的用了两种不同的材料呢？绝不可能。解剖学会首先告诉我们，材料是同一种。这些材料的分泌器官是些皱缩的肠道，分成两组，每组20来根，都装满了黏稠的无色液体，不管从哪个地方研究，液体的外表都是一样，没有一根肠管显示出分泌白石灰色液体的迹象。

　　而且，雪白涂层的形成方式，也会把材料不同这一念头打消。螳螂用尾部两束末梢扫着泡沫团的表面，收集出可以称之为泡沫的物质，把它们拢到一起，固定在窝的表面，形成一条长带。扫去后剩下的，就是那个长条泡沫上还在涌动没有凝固的物质，螳螂把它们摊到窝侧面，形成薄薄的石灰浆，石灰浆里还冒着小气泡，要用放大镜才能发现。就好像在滔滔的激流中，夹带着黏土的泥水上泛着大大的泡沫一样，被泥浆染黑的底层泡沫之上，露出点点白白的气泡，气泡的体积很小。由于泡沫的密度不同，像雪一般白的泡沫从脏泡沫中浮出，泛到上面。螳螂筑窝的情景，与激流中的情形有点相似。它的两个小勺把分泌出来的黏液搅拌成泡沫，泡沫中最纤细、最轻盈、因为气泡最细密而显得更白的那一部分，浮到表面，被尾梢扫集到一起，拢到窝表面形成雪白的涂层。

直到这时，只要我稍微有点耐心，观察还是可行的，能够得到满意的结果。但是，当触及窝中间区域复杂的结构时，我就不可能观察到。在中央区域，螳螂在两行重叠的小鳞片下，给若虫安排了出口。对此，我所知甚少，只能总结如下：螳螂的腹部末端从上到下长长裂开，像个刀口，刀口上端几乎不动，而下端则左右摆动，产出泡沫和卵，显然，中间区域的工作是由刀口上端来做。

我看见刀口上端一直浸在中间区的突出部分，在尾部末梢扫集起来的又白又细的泡沫中间。尾梢一束向左，一束向右，就划出了中间长条区域的界线。两束尾梢触摸着长条区域的边缘，好像在了解工程的进展。我很想把这两束尾梢看成两根非常敏感的手指，指挥着高难度的建筑工程。

但是，那两行鳞片和鳞片下遮着的出口裂缝，又是怎么得到的呢？我不知道，甚至猜不到，还是把问题留给别人来解答吧。

多么奇妙的机器啊！它非常有条不紊而且迅速地排出核中心的角质物质、保护泡沫、中间长条地带的白泡沫、卵、大量的液体，同时还能建造交叉的薄片、重叠的鳞片和错开的通道！我们肯定会茫然无措的，而螳螂做起来却那么轻松！它攀在以窝为轴心的金属网上，一动不动，对于身后正在建筑的东西根本不看一眼，也不需要足的丝毫帮助，一切都是它独自完成的。这不再是需要本能的技术活，而纯粹是机械活，全靠工具、组织器官来协调安排。结构如此复杂的窝，完全归功于器官的运动，就像我们工作中用机器建造的大群建筑物一样，建筑物的完美并不需要手工灵巧。

从另一方面看，螳螂还更加高明。螳螂的窝出色地应用了物理学关于保温的最佳材料，在对不导热体的认识上，螳螂超过了我们。

人们应该感谢物理学家拉姆福特[①]最早做了这样的实验，证实了空气的不传热性。这个著名的科学家，把一块冰冻奶酪放到搅拌后的鸡蛋泡沫中，然后送到炉中加热。很快，他得到了一块泡起来的蛋卷，但是蛋卷中间的奶酪还像开始那么冰凉。这种奇怪的现象，可以用奶酪外的泡沫中包着空气来解释。空气是非常好的绝热材料，能够挡住炉火的高温，阻止温度传到中间的冰冻物体。

那么，螳螂做了什么呢？像拉姆福特那样，它把黏液搅拌，得到一个发泡的蛋卷，作为核中心所有胚胎的保护层。当然，它的目的和拉姆福特相反，凝固的泡沫是要抵抗寒冷，而不是高温。它用高温来抵御寒冷，把那天才的物理学家的实验颠倒过来，使用同样的泡沫外套，在一个寒冷外套中保存好热物体。

拉姆福特知道空气隔热的秘密，是因为有前人积累的知识和自己的研究。那么，多少个世纪以来，在复杂的热学问题上，螳螂是怎么超过我们的物理学家的呢？它怎么就敢用泡沫包裹住那大堆的卵，然后固定在树枝、石块上，让它们毫无遮挡，忍受严冬肆虐而毫发无伤？

我家附近的其他螳螂，也是我唯一了解的螳螂种类；它们有的

---

① 拉姆福特（1753—1814）：美国物理学家。——译注

利用凝固的泡沫当作隔热外套，有的放弃了这个外套，随卵是否要越冬而变化。雌灰螳螂几乎没有翅膀，很容易与修女螳螂区别，它建筑的是一个樱桃核那么大的窝，外面覆盖着厚厚的泡沫外皮。为什么要这层起泡的外套呢？因为灰螳螂的窝和修女螳螂的窝一样得过冬，必须在细枝、石块上经受恶劣季节的煎熬。

最奇特的一种螳螂，和修女螳螂的身材一样大的椎头螳螂，筑的窝却和灰螳螂的窝一样小。它的窝非常简朴，由三四行连在一起的小室组成。尽管它的窝也和前两种螳螂一样，固定在露天的树枝上或石块上，却完全没有起泡的外套。没有不导热外罩，说明椎头螳螂生活期的气候条件不同。椎头螳螂的卵在产下不久后就孵化了，那时节天气还很好。这些窝不会经受严冬肆虐，所以只有薄薄的一层外套保护。

螳螂的防护措施这么精巧、合理，可以与拉姆福特的蛋卷相匹敌。这是偶然的结果吗？是从无数次选择中偶然获得的手段吗？如果是，那么，在这荒谬的结论前不要退缩，承认偶然的盲目选择竟然具有令人惊叹的洞察力吧。

修女螳螂筑窝是从圆钝的一头开始，到窄小的一头结束。窄小的一头通常延伸成岬角状，岬角是最后一滴黏液拉长形成的。完成整个工程，修女螳螂必须不间断地工作两个小时左右。

卵一产好，雌螳螂便漠不关心地走开。我还期待着它转过身来，对婴儿的摇篮表示出一点温情呢，但是它没有露出丝毫做母亲的喜悦。工程完成了，就再也不关它的事了。几只蝗虫靠近它的窝，有一只甚至爬到了窝上。螳螂一点也不在意这些讨厌的家伙，当然它们也很温和。如果这些蝗虫很危险，做出要捅破幼虫的窝的样子，它会不会赶走它们呢？它那无动于衷的表情告诉我不会。这个窝从此与它何干？它已经不认得了。

我曾经说过，修女螳螂多次交配后，雄螳螂几乎都被当成猎物被吞食，以悲惨的结局收场。在两星期内，我看见同一只雌螳螂连续七次新婚，每一次，这个很容易安慰的寡妇都吃掉了它的配偶。根据这种习性，我猜想它会多次产卵。事实确实如此，尽管这并不是一个普遍规律。我饲养的雌螳螂，有的只筑了一个窝，有的筑了两个一样大小的窝；最多产的筑了三个，前两个窝正常大小，第三个只有通常体积的一半大。

通过最后一种窝，我知道了螳螂的卵巢可以产卵的数量。从窝的横条纹，我可以非常容易地数出有多少层卵。每一层卵的数目变化很大，从椭圆形的赤道到极地逐渐递减。把最大一层的卵数和最小一层的卵数统计一下，算出平均数，我就能大致推断出产卵总数。据我了解，一个正常的窝大约容纳了400枚卵。造了三个窝的母螳螂，最后一个窝要小一半，所以留下了1000个胚胎；造两个窝的螳螂，产了800枚卵；而产卵最少的螳螂也有三四百枚卵。不管怎么说，这真是个庞大的家族，如果没有被大量精简，很快就会"虫"满为患。

小个子的灰螳螂就小器多了，它在网罩里只造了一个窝，最多产了60来枚卵。尽管是依照同样的原理建造，而且也固着在露天下，但是灰螳螂的工程和修女螳螂的工程，还是有显著的区别。首先，灰螳螂的窝体积小，2毫米长，5毫米宽。其次，某些结构细节不同，灰螳螂造的窝中间隆起，两侧弯曲，中线突出成脊，微微参差不平。窝表面大概有一打左右横纹，对应着每层的卵。它的窝没有重叠的薄片组成的出口区，没有出口区的一长条雪白涂层。整个窝包括支撑点，一律覆盖在一层亮亮的外皮下，外皮有小气泡，呈红棕色。窝的首端像弹头形状，尾端突然削去，往上延伸成小小的船头角。卵层层排列，嵌在无孔的角质材料中，角质材料就像能经受很大压力的矿石。所有的卵形成一个核，包在角质外壳下。灰螳螂和修女螳螂一样，也是在夜间筑窝，对观察者来说，这是个麻烦的条件。

修女螳螂的窝体积这么大，结构这么奇特，而又非常明显地位于石块上或荆棘间，不可能不引起普罗旺斯农民的注意。确实，它在乡间非常有名，被称之为"梯格诺"，甚至声誉极高。不过，似乎没人知道螳螂窝的由来，当我告诉淳朴的邻居们"梯格诺"就是常见的"祷上帝"的窝时，总是引起他们的惊讶。他们的无知很可能是因为螳螂在夜间产卵。在神秘的夜间，螳螂加工巢穴时没有被人发现，所以他们在工人和工程之间没有画上连接符，尽管这两者乡村里的人都知道。

可这又有什么关系呢，这奇特的玩意存在，它吸引了他们的目光，引起了他们的注意。所以，这东西应该对什么有好处，应该有什么功效吧。在奇异事物中寻找减轻我们痛苦的东西，这种天真的愿望，在任何时候都是这样推理的。

在普罗旺斯，乡间药典一致吹嘘"梯格诺"是治冻疮的最好解药。使用方法很简单，把它劈成两半，挤压，用流汁液的地方摩擦患冻疮。据称，这特效药无比灵验，根据传统经验，谁手指冻得肿胀发痒，就一定要用"梯格诺"。可是，它真的能减轻症状吗？

尽管乡里人一致这么认为，但是，我在自己和家人身上试用过后，却毫无效果，对此持怀疑态度。1895年冬天，寒冷刺骨，冰冻期长，我们的皮肤灾难深重。家中人涂过这有名的软膏后，没人觉得指头上的肿胀缩小了；在捏碎了的"梯格诺"流出的蛋白汁的按摩下，也没人觉得不那么痒了。可想而知，对其他人而言，这药也毫无疗效；尽管如此，这灵丹妙药的名声仍然流行，可能只是因为药和病之间名称一致吧：在普罗旺斯语中，冻疮就是"梯格诺"。既然修女螳螂的窝和冻疮叫法相同，那么前者的功效不就是显而易见的吗？声誉就这样产生了。

在我们村里，也许就在方圆不大的地方，"梯格诺"，此处指螳螂的窝，还被推荐为治牙痛的神奇物，只要把它随身带在身上就能克服牙疼。那些天真的妇女在月光皎洁的夜晚把它收集起来，虔诚地藏在衣柜的角落，缝到衣兜里，害怕拿手帕的时候把它弄丢了；如果邻里有人牙疼，她们就借给他。"借我'梯格诺'吧，我疼得难受。"那疼得脸肿起来的人说道。于是另一人马上拆开衣服缝口，把宝贝递过去。"无论如何，别弄丢了，"她叮嘱道，"我再没别的了，没有好月色了。"

不要嘲笑这古怪的牙疼良药，许多堂而皇之地列在报纸第四版上的药物，也不见得更有效。再说，乡村里的天真念头，比起某些老书可是大大不如；那些书里，古老的科学还在沉睡。16世纪的英国博物学家托玛斯·穆菲，给我们讲述了一个在田野里迷路的孩子向螳螂问路的故事。被咨询的昆虫伸出爪子，指出要走的方向；而且它几乎从来没弄错过方向，作者补充道。这个好听的故事是以可笑的天真述说出来的。"这小昆虫的判断力是如此神奇，当小朋友问路的时候，它会伸出爪子，给出正确的指示，从不骗人。"

轻信的博物学家是从哪里得到这个漂亮的故事的？不会是英国，在那里，螳螂不能存活；不是普罗旺斯，在这里，找不到这种幼稚故事的痕迹。与其说这是老博物学家的臆想，我还是偏向于认为，这是缘于"梯格诺"极其奇妙的功效。

第二十一章 🪳 螳螂卵的孵化

修女螳螂卵的孵化通常都在阳光灿烂的 6 月中旬，大约上午 10 点钟。螳螂窝中央的长条地带或者说出口区，是唯一留给幼虫出来的地方。

在出口区的每一个鳞片下，慢慢钻出一个半透明的圆块，然后是两个大黑点，那就是眼睛。新生的幼虫在鳞片下缓缓滑动，一半已经解脱。这是不是与成虫非常接近的若虫形态的小螳螂呢？还不是，它只是个过渡形态。它的头圆肿，乳色，因为血的涌入而颤动；身体其他部分淡黄带红；在全身裹着的膜下面，能清楚地分辨出因膜层覆盖而变混浊的大黑眼睛、贴在胸前的口器和向后贴在身体前部的足。总之，如果撇开非常明显的足，它圆钝的脑袋、眼睛、纤细的腹部体节、船体形状，都让人想起蝉从卵中出来的样子，好像一种微型无鳍鱼。

这又是一种具有二态现象的昆虫。这个形态的任务是穿越困难重重的出口，将螳螂若虫带到世间。螳螂若虫想要把长长的身体全部都解脱出来，这肯定是一个无法克服的障碍。蝉为了从细枝上狭窄的、布满了碎木纤维和空卵壳的通道中走出来，一生下来就包着一层襁褓，像一艘小船，非常有利于缓缓滑动。

螳螂若虫也碰到了类似的困难。它要从弯曲而拥挤的通道中爬出窝，如果纤细的身体长长地伸展开来，就根本找不到地方容纳。弯成高跷的足、用来杀戮的弯钩、纤细的触角，这些器官在草丛中用处很大，现在却成了出去的累赘，使解脱变得万分辛苦，甚至根本不可能。于是，它一生下来也包着一层襁褓，也像一艘小船。

在无尽的昆虫矿产里，蝉和螳螂又给我们开了一条矿脉。我从它们的情况中归纳出一条规律，其他类似的现象几乎随处可见，肯定可以证实这条规律：若虫并不总是直接产于卵。如果新生儿要面对破壳而出的种种特殊困难，那么在若虫变态之前有一个过渡形态，我继续称之为初龄幼虫，它的职责是将无力自己解脱的小生命带到世间。

我继续往下叙述，在出口区的鳞片下，初龄幼虫出现了。它的头部汇集了丰富的汁液，鼓胀起来，变成一个半透明的水疱，不停地颤动，这个水疱是用来准备蜕皮的工具。这个已经从鳞片下出来一半的小家伙不停摇动，一进一缩，每摇动一次，头部就胀大一些；最后，前胸拱起，头向胸极度弯曲，前胸的膜裂开。这个小家伙拉长、扭动、摇摆、弯曲、伸直，它的足便从外鞘中解脱出来了；两根平行的长触角同样也解放了，全身只由一根碎碎的细带和窝连在一起，只要再摇动几下就可脱身。

这时才是真正的若虫形态。留在窝上的，是根毫无形状的细带，一件丑陋的破衣裳，稍有微风，就会将它们像绒毛般吹动。这就是若虫奋力挣脱外膜后剩下的褴褛外衣。

我错过了观察灰螳螂孵化的时机，我只略微了解了下面一些情况：它的窝尾端向前突出的尖角上，有一个小小的白色无光的斑块，是些易碎的泡沫，非常脆弱。这个只用泡沫塞子塞住的圆气孔，是窝上唯一的出口，窝的其他地方都非常坚固结实。这个气孔好似修女螳螂窝上的鳞片区，灰螳螂若虫只有一个接一个通过这个气孔，才能钻出锁住它们的保险箱。我没有机会目睹它们的大逃亡，不过，在它们孵化后不久，我看到气孔口悬挂着一堆破烂的白色外皮、一些微风吹散了的纤细薄膜。这是若虫们去到自由空间后扔掉的外壳，是过渡外套的证物；这件临时外套让它们能在迷宫似的窝巢里移动。所以，灰螳螂也有初龄幼虫，它包裹在一个紧小的外鞘中，有利于解脱。6月就是它们从窝中孵化出来的时期。我们再回到修女螳螂上吧。一个窝里的卵并不是同时孵化的，而是断断续续、一群接一群地出来，中间能隔上两天或更长时间，通常是最后产在窝尖的卵最先孵化。

最后产下的卵先于最先产下的卵孵化，时间顺序的颠倒，很可能是因为窝的形状之故。窝逐渐变细变尖的那一头，更容易接受阳光的刺激，而窝圆钝的一端体积大，不能那么快吸取到必需的热量，所以尖尖那一头的卵成熟得要早些。

尽管卵总是一群群断断续续地孵化，但有时候，整个长条带的出口区都被孵出来的小生命包围了，上百只小生灵突然从窝里挣脱出来，场面真是惊人。一个小家伙刚在鳞片下露出黑眼睛，其他许许多多也突然出现在眼前。一只幼虫的摇动就像苏醒的信号传递开来，逐渐连成一片，四处的卵迅速孵化。于是顷刻间窝的中部挤满了小螳螂，乱哄哄地爬动，脱掉挣破的外衣。

灵动的小家伙们在窝上停留的时间不长，就掉到地下，或者爬到附近的草地上。整个过程不到20分钟就结束了，公共摇篮于是沉寂下来了。几天以后，又有一群幼虫孵化，就这样直到所有的卵都孵化。

我经常目睹修女螳螂卵的孵化，有时是在荒石园内的露天地里，朝阳的地方放着我冬闲时从各处收集来的螳螂窝；有时是在实验室里的小角落，我曾天真地以为这样能将刚出生的小家伙保护得好一些。就这样我看到了无数次孵化，可是每次我都看到了一幕令人难以忘怀的屠杀场面。修女螳螂的大肚子能够产下上千枚卵，但是，如果它的种族要抵御那一出卵就把它们消灭的吞噬者，它还产得远远不够。

蚂蚁特别热衷于消灭螳螂。每天，我都会在一排排的螳螂窝上发现这个凶恶的客人。我非常严肃地干预过，可是没用，它们的热情并没有降低。它们很少会在堡垒上打开缺口，因为太难了；但是，它们垂涎堡垒里正在发育的娇嫩肌肉，于是它们等待有利时机，窥伺着出口。

尽管我每天都密切监视，可是小螳螂一出现，蚂蚁就已经在那里了。它们抓住小螳螂的肚子，把它拉出外壳，咬成碎片。真是一场可怜的混战，娇嫩的新生儿只能乱踢乱蹬作抵抗，而凶恶的强盗嘴角衔着丰盛的战利品。不到片刻，屠杀无辜的战争就结束了，这个大家族只剩下少数偶然逃脱劫难的幸存者。

昆虫界未来的屠夫，草丛间令蝗虫胆战心惊的可怕肉食妖魔，在初生下来时，却被最小的昆虫蚂蚁吃掉。这个大量繁殖的巨妖，却被一个小侏儒限制了后代的数量。不过，屠杀为时很短，只要螳螂在空气中养壮了一些，腿强健了一些，它就不再会受到攻击。当它在蚂蚁中快步走过时，蚂蚁得避开让路，不敢再攻击它。它那锋利的前腿收在胸前，像要准备拳击的样子，高傲的举止让蚂蚁肃然生畏。

另外一个喜欢吃嫩肉的不怕这种威胁架势，它就是喜欢爬在向阳的墙壁上的小灰蜥蜴。我不知它怎么知道有它中意的猎物，它赶来用小小的舌尖，把从蚂蚁口中逃生的小螳螂，一个一个地舔入嘴里。虽然只有一小口，可是好像味道十分鲜美，如果这个爬行动物眨眼我没看错，它每吃一小口，都半闭眼皮，显得深深满足的样子。我把这个竟敢在我眼前打劫的大胆家伙赶走，可它又回来了，这一回它为自己的鲁莽付出了沉重的代价。如果我任由它为所欲为，它什么都不会给我留下。

螳螂的天敌就这些吗？才不呢。另外一个掠夺者早就抢在蜥蜴和蚂蚁之前了，它个子最小，但十分可怕。它是一种长着钻孔器的膜翅目寄生蜂。它把它的卵安顿在刚造好的螳螂窝里，螳螂的后代遭到了蝉的后代同样的命运：一种寄生虫攻击螳螂的胚胎，把卵壳蛀空。我收集的螳螂窝，很多都是空的，或者差不多都空了，因为寄生蜂类昆虫已经来过。

5

寄生蜂

我把那些知名不知名的歼灭者留下的小螳螂收集起来。这些刚孵出的若虫是苍白的，染着淡淡的黄；它头部的水疱迅速地缩小以至消失，颜色也马上变深，一天之内就变成了浅褐色。小螳螂已经很灵活，它举起锋利的前足，打开，合上；左右转动头部，又重新弯下腹部，没有哪种完全发育的幼虫行动起来比它更敏捷。几分钟后，小家伙们停下来，在窝上挤挤搡搡，然后又信步散开到地面，去到附近的植物上。

我在网罩里安顿了几打流浪儿，用什么来喂养这些未来的猎人呢？用猎物，这是很清楚的，哪一种猎物呢？我只能给小家伙们提供一些小猎物，我拿给它们一枝爬有绿蚜虫的玫瑰花枝。这肥嘟嘟的虫子，身上的嫩肉正适合我那虚弱的客人，可它们受到了漠视，没有一只被囚禁的螳螂碰过它们。

我试了试小飞蝇，这些最小的虫子是偶然在草地上撞到网纱里来的，可小螳螂还是执拗地拒绝了。我又给它们提供碎苍蝇，挂满笼子的网纱，还是没有谁接受营地里的猎物。也许蝗虫能引诱它们，它不是成年螳螂最爱吃的吗？经过一番折磨人的寻找，我找到了我想要的东西。这次的菜肴是几只刚孵出的小蝗虫。尽管这些蝗虫很小，但个头已和刚孵出的小螳螂一般大。小螳螂会接受吗？不，在这么小的猎物前，它们惊得逃走了。

那么你们要什么？在你们生长的草地上，你们还能碰到别的什么猎物呢？我猜不出。难道你们小时候有特别的食谱，也许是素食？我知其不可能也要试一下，莴苣心里最嫩的叶子，被拒绝了；我绞尽脑汁变换的各种草木，被拒绝了；我滴在百里香花蕊上的蜜滴，被拒绝了：我所有的尝试都失败了，囚徒们饿死了。

失败自有失败的价值，它证明，螳螂似乎有一种我还没发现的过渡食谱。芜菁科幼虫在吃完储存的蜜之后，必须以蜂类的卵作为第一种食物；在没弄清楚这一点之前，它也给我造成了很多麻烦。也许小螳螂一开始也要求和它们虚弱的身体相适应的特殊食物呢。尽管它神情果敢，但是我还是想不出这虚弱的家伙捕食的样子。不管它进攻哪种猎物，被进攻者都会乱踢乱扭地反抗；而进攻者连苍蝇翅膀简单的一拂都还招架不住呢。那么，它究竟吃什么呢？如果在幼虫的食物问题上还会出现什么有趣现象，我是一点也不惊讶的。

这些难伺候的傲慢家伙，还会死得比饿死更悲惨。它一生下来，就成了蚂蚁、蜥蜴和其他掠夺者的猎物，杀手们耐心地窥伺机会，等待美味出壳。即使是螳螂的卵，也并不是没有受到破坏。一种小小的带针的昆虫，透过凝固的泡沫墙，把它的卵安顿在螳螂窝里，在那里安顿它的后代。它的卵比螳螂的卵更早熟，于是便摧毁掉螳螂的胚胎。螳螂产下的卵是很多，可是淘汰后剩下的又减少到了什么程度啊！也许一只母螳螂能做三个窝，产了1000枚卵，但是只有一对逃过了灭绝的灾难，只留下了一个后代；因为，年复一年，螳螂的数量大致相同。

于是，一个严肃的问题出现了，螳螂的生殖力会逐步提高吗？蚂蚁和别的昆虫消灭它的后代，使其子女数量骤减，那么螳螂卵巢里的胚胎是不是会孕育得更多，以便能够以大量的生产来平衡大量的摧毁呢？它今天产卵数量之巨，是以前衰弱的生殖力发展而来的结果吗？有些人就是这么认为的。他们缺乏有说服力的证据，却喜欢把动物身上深刻的变化看成是环境引起的。

在我的窗前，一株很大的樱桃树生长在池塘边。这棵结实的野树是偶然长在那里的，与我的祖先们无关。如今，它令人起敬的是那巨大的树枝，它那品质平常的果实反而显得次之了。到了4月，那真是一个白缎子般无与伦比的冠盖，细枝上如雪覆盖，飘下的花瓣像地毯一样。很快，大片的樱桃红了。哦，我可爱的树，你是多么慷慨啊！你的果实装满了多少箩筐啊！

树上，也是一片欢庆节日的景象！麻雀第一个知道樱桃熟了，早晚成群地飞来，叽叽喳喳地觅食；它通知了附近的好友，翠雀和莺也赶来，整整几个星期尽享口福。蝶蛾们在这颗樱桃上舞蹈一番，又飞到另一颗樱桃上，美滋滋地享用。花金龟在果子上大口大口地啃咬，吃饱了睡着了。胡蜂、黄边胡蜂咬破甜甜的汁液囊，紧跟在它们后头的小飞虫也醉倒了。一条胖胖的蛆虫，就坐在果肉中间，心满意足地吃着满是汁液的大宅子，变得又肥又大；它就要从桌子边起身，摇身一变，变成一只高雅的苍蝇。

这场盛宴在地下也有客人。樱桃掉下来，所有过路客都沸腾起来。夜里，田鼠把鼠妇、球螋、蚂蚁、鼻涕虫啃过的果核收集起来，藏到地洞底，等到冬闲时，它们在果核上钻个洞，咀嚼里面的果仁。慷慨的樱桃树养活了无数生灵。

如果有一天这棵树要找接班人，让它的后代也在这么繁荣、和谐与平衡的环境中成长，它需要什么呢？一粒种子而已，而它每年产出的却有无数的种子。为什么，你能告诉我们吗？你是不是要告诉我们，樱桃树一开始果实也很少，后来为了能避开数不清的剥削者，它才慢慢变得慷慨起来？你是不是像讲述螳螂一样，谈起樱桃树，"大量的消灭会慢慢导致大量的生产"？谁敢冒险到这么鲁莽的程度？樱桃树是养分转化成有机物的一个加工厂，是死的物质嬗变成能够生存的物质的一个实验室，难道这不是明显的事实吗？也许它长出樱桃是为了生生不息，但那只是一小部分，非常小的一部分。如果所有的种子都萌芽、茁壮成长，那么，地球上早就没有地方种樱桃树了。它的绝大部分果实是另有用途的，它们像其他植物一样，在从不能吃变成能吃的化学变化中，给一大群不灵活的生命充作食物。

被称为生命最高体现的物质，需要缓慢而又十分精细的制造过程。它起源于极小的加工作坊，如微生物体内，一个比雷电的能量还要猛烈的微生物把氧和氮结合起来，孕育了硝酸盐，成为植物最重要的养分。物质就这样起源于虚无的边缘，在植物中完善，在动物中提炼，逐步地升级，直到大脑物质的形成。

多少个世纪以来，有多少秘密的工人、多少不为人知的加工者在开采矿产，提炼髓质，变成灵魂最奇妙的工具：大脑！这样的大脑能只让我们说"2+2=4"吗？

燃放的焰火，会放射出多彩炫目的火花，然后一切又归于黑暗。然而，它的烟、气、氧化物和别的爆炸物，通过植物又会慢慢形成物质。物质就是这样完成转变的，它经历了一个个阶段，从一次比一次精细的提炼中上升到高峰，炫目的思维火花终于在物质媒介中爆发；而物质在奋力挣脱后，又回归到它曾属的不知名事物中，回到废物分子中，成为生者的共同源头。

第一个聚合有机物的是植物，它是动物的兄长。今天的植物还和地质时期的植物一样，直接或间接地，是有生命的存在物的第一食品供应者。在它们的细胞里，制造或起码大致地加工了整个世界的食品。在植物之后，动物来了，它细细地琢磨加工了的食品，传递给更高一等级的。青草转化为绵羊肉，然后根据消费者的不同，绵羊肉又转化为了人身上的肉或狼身上的肉。

养分颗粒并不能造就大块的有机物质，需要把它们收集制造，就像植物那样；从无机物开始的各种制造者，最多产的是鱼，第一个有骨骼的动物。问问鳕鱼那数不清的鱼子是做什么用的吧，它的答案和有着成千上万果实的山毛榉一样，也和长出无数橡栗的橡树一样。

鱼这么多产，是为了养活无数饥饿的生物。自然界的有机物还并不丰富，于是它继续远古以来无数前辈的工作，急急忙忙地增加自己的生命储备，慷慨地为第一时间加工鱼子的工人产出鱼子。

螳螂和鱼一样可追溯到遥远的时代，它那奇怪的形状、野蛮的习性早就告诉了我们，如今它丰富的卵巢又重复述说。它的身体两侧至今还留有一块干瘦的地方，那是以前在树蕨生长的潮湿阴地上，疯狂地繁殖形成的；如今，它继续为生物的高级炼金术做着贡献，当然，贡献非常微小，但十分真实。

我逼近观察它的工作。泥土养育的草坪变绿了，蝗虫正在啃食青草。螳螂吃掉蝗虫，卵巢鼓胀起来，产下三堆卵，为数上千。卵一孵化，蚂蚁就来了，从一窝卵里提取一份丰盛的战利品。我看到时吃惊得后退。螳螂的体积之巨是肯定的，可在细致的本能方面却不在行，蚂蚁可比螳螂高明多少啊！不过，生物链的循环还没结束呢。

小蚂蚁在壳里的时候就被雉鸡吃掉了，雉鸡和母鸡、阉鸡一样是家禽，但饲养的花费却大得多。它吃着蚂蚁长大，变壮了，被放到林子里；于是，自称文明的人，兴致勃勃地瞄准它开枪。这个可怜的畜生在养雉场，老实说，就在鸡窝里，早已失去了逃生的本能。人用烤肉铁钎割开尖叫的母鸡脖子，人还带着豪华的猎队开枪射击雉鸡，我真不明白这荒谬的屠杀。

达拉斯贡城的达达兰①，猎物逃走了，就对着自己的帽子射击。我喜欢他这样做，我尤其喜欢人们猎捕，真正地猎捕另一种喜欢吃蚂蚁的动物蚁䴕，普罗旺斯称它为"伸舌头"。这样命名的确很艺术，蚁䴕横在一队蚂蚁中间，伸出黏糊糊的长得出奇的舌头，当舌头上黑压压地粘满蚂蚁时就突然缩回来。蚁䴕就这么大嚼大咽，到了秋天，肥得浑身嗞嗞地冒油；尾巴根、翅窝、肋部包满了肥油，整个脖子围了一串肉珠；头上一直到喉下都包着厚厚的肉块！

这是块美味的烤肉，当然，我承认它很小，最多才云雀那么大；不过，像它这么小的动物中没有谁有它这么味美。它会比雉鸡差到哪儿去呢？雉鸡要吃鲜美的食物，开始还得吃腐败的植物呢！

但愿我至少能为那些微不足道的昆虫说一次公道话！当晚饭后收拾好餐桌，我安静下来，身体暂时摆脱了生理煎熬，四处收集来的好念头，一些火花就会不知其然也不知其所以然地突然闪现在脑海里；大概螳螂、蝗虫、蚂蚁，还有更小的昆虫促进了这些火花的形成。它们通过复杂曲折的途径，各自以自己的方式给我们的思

----

① 达达兰：法国作家都德（1840—1897）的小说《达拉斯贡城的达达兰》中的主人公，达达兰被认为是天真幼稚、夸口吹牛的典型。——译注

想之灯添上一滴油。它们的能量，一代一代地慢慢加工、积蓄、传递，最终注入我们的血管，在我们疲乏劳顿时滋养着我们，我们靠它们的死亡而活着。

我做一下总结吧。多产的螳螂以它的方式制造有机物，而蚂蚁继承它的有机物，蚁䲹又接替蚂蚁，然后也许人又会继承蚁䲹的有机物。螳螂产出的上千枚卵，只有一小部分是为了繁衍后代，大部分是为生物的大野炊做贡献。它让我想起那条咬住自己尾巴的蛇的古老象征。世界是一个回到自身的圆：结束是为了重新开始，死亡是为了生存。

第二十二章  椎头螳螂

海洋是生命的第一母亲，在海沟深处，还保存着许多形状奇特、不谐和的生命试验品；坚实的大地虽然没有海洋富饶，但更适应进化，远古奇特的生物几乎完全消失了，少数存留下来的大多属于原始昆虫类。这些昆虫技能有限，变态很粗糙，或几乎没有变态。在我们地区，那些让人想起石炭纪森林里的生物的昆虫，首先就是螳螂家族。性情和结构都古怪的修女螳螂，是其中的一分子；椎头螳螂也占有一席之地，它正是本章的研究对象。

椎头螳螂的若虫是普罗旺斯陆地动物中最奇特的一种。它纤细，摇摆不定，样子古怪，没经验的人不敢用手去碰它。邻里的小孩被这虫子奇怪的样子吓着了，称它小鬼虫，他们觉得这个古怪的虫子近似于巫术。从春天到5月、到秋天，甚至有时冬天阳光灿烂的日子，都可以看见它，不过都是稀稀落落的。干旱地上的硬草皮，拂在石堆上朝阳的细荆棘，都是这怕冷的家伙喜欢的住所。

1½

椎头螳螂

我们给它画个速写吧。它的腹部总是往上翘，都快翘到背上了；展开时像抹刀，卷起时像根曲棍。腹面有尖尖的小薄片，像叶片一样绽放开来，排成三行，当腹部向上卷起时，叶片也就翻到了背上。这个鳞片状的曲棍，竖立在四根又长又细的高跷腿上；四条腿武装得像青蛙腿一样，在连接腿节和胫节的关节上，长着一块弯

弯的镰刀似的薄片。

这个四脚板凳似的底座往上突然拐个弯，就是坚硬的前胸。前胸长得出奇，几乎垂直竖立在底座上。在像稻草秸一样又圆又细的前胸顶端，长着若虫的捕捉器，那像修女螳螂一样用来劫掠的前足，着生比针还要尖利的铁钩，像锯齿般参差不齐，真是凶恶的老虎钳。胫节的钳口中间开了一条小槽，小槽每边有五根长刺，长刺之间还有更细小的锯齿。腿节的钳口同样开了一条小槽，不过小槽两边的锯齿更加细密均匀，休息时就折回到小槽里。用放大镜观察，可以看到每边小槽有二十来根大小均匀的尖刺。这个捕捉器，除了规模不大以外，不愧为一个令人胆战心惊的施展酷刑的工具。

它的头和这套军械装备也很相称。啊，真是个怪头！尖尖的小脸，触角像胡子般翘起，好似铁钩；大大的眼睛突出来；两眼之间的前额上有一把匕首，一支铁戟，真是闻所未闻的奇特！这个古怪的高帽子，岬角般耸立，能像尖尖的翅膀一样左右扩张开来，顶端还裂了一条小槽。这么稀奇古怪的尖帽子，无论是东方的魔术家还是变戏法的炼金术士，都没戴过比这更奇怪的帽子，小鬼虫能用它来干什么呢？我们看看它捕食就知道了。

它的装束很平常，全身以浅灰为主。在若虫后期，蜕了一些皮后，它开始露出比成虫更华贵的外套，身上涂了不明晰的暗绿、白色、红色的彩色斑块。这时雌雄两性已经能从触角分辨出来。未来的母亲触角是丝状的，而未来的雄性触角下半部分鼓胀成纺锤，像个小盒子，从这个小盒子里以后会长出华丽的羽饰。

它就是椎头螳螂，外形可以和卡罗①荒诞的铅笔画媲美。假如

---

① 卡罗（1592—1635）：法国雕刻家、画家，艺术风格大胆奇幻。——译注

你在荆棘丛中看到它，它会在自己的四条高跷腿上摇来摆去，头轻轻晃动，以狡黠的神情看着你，高帽子在脖子周围转来转去，伸到肩上去探听消息，你会以为你能从它那尖尖的小脸上看出调皮的神情，可是，当你想抓住它的时候，炫耀的姿势马上就消失了；竖起的前胸低下去，捕捉器抓住细树枝，它大步地逃走了。只要你目光稍微敏锐一点，它逃得不会有多远。我把椎头螳螂抓起来，装到一个锥形小纸袋里，免得扭伤它脆弱的身体，然后关到一个金属网罩里。10月，我就这样抓了足足一大群椎头螳螂。

怎么喂养它们呢？我的椎头螳螂还很小，才一个月大，最多两个月。我用和它们个头相当的蝗虫若虫来喂它们，那是我所能找到的最小的蝗虫。可椎头螳螂并不想吃，更有甚者，它们怕得要命。如果哪只冒失的蝗虫友好地靠近一只四脚挂在网罩顶的椎头螳螂，这个讨厌虫就会受到不友好的款待。椎头螳螂的高帽子耷拉下去，然后远远地猛撞过去。这下我知道了，奇怪的帽子是防御的武器，一把护身刺刀。山羊用它的角顶人，椎头螳螂则用它的帽子撞人。

它们还没吃东西呢，我又给它们活的苍蝇，它们毫不犹豫地接受了。这些长着翅膀的苍蝇一从它们身边经过，警觉的小鬼虫就转动脑袋，根据将倾斜的程度弯下茎秆似的前胸，探出捕捉器，用它们的双排锯紧紧地把猎物抓住，猫抓老鼠也不会更敏捷。尽管猎物很小，可当一顿饭还是绰绰有余。一只苍蝇够椎头螳螂撑上一整天，甚至常常好几天。装备这么凶猛武器的昆虫，胃口竟然这么小，这是第一个大大出乎我意料的事。我本来以为它们是些吃人巨妖，但看到的却是些节食者，只要一顿微薄的点心，它们就满足了，而且能支持越来越久的时间，一只苍蝇至少能把它们的肚子填上14个小时。

秋末就这样过去了。椎头螳螂一天比一天吃得少，一动不动地挂在金属网纱上。它们的自然绝食帮了我的大忙，苍蝇变得越来越少，如果我还得给食客们提供饮食，我会非常困窘，而这样的时刻终于来了。

冬天三个月，没什么变化。如果天气好，我会不时把网罩放到窗台上去晒晒太阳。沐浴在温暖中，囚徒们会稍微伸展一下身体，左右摇摆，决定移动一下，但没有任何食欲。我辛辛苦苦侥幸抓住的几只小苍蝇似乎并不能引诱它们，对它们而言，彻底绝食越冬是个规律。我从网罩里的饲养情况，了解了冬天椎头螳螂在野外的情况。小椎头螳螂躲到石头缝里，在麻木中等待温暖的到来。尽管有一堆石头庇护，但是当霜冻期延长，大雪不断渗透到这绝佳的藏身旮旯里时，椎头螳螂还是有一段艰难的时间要熬。不过没关系，它们看起来强壮多了，没有死在冬天。如果有时阳光强烈，它们还会偶尔走出藏身地，来探听春天是不是提前来临。

春天真的来了。现在是3月，囚徒们骚动起来，脱胎换骨。它们要吃东西，我又要开始为提供食物而操心。家里的苍蝇很容易逮着，可是此时已不见踪影。我迫不得已转向出现得早一些的双翅目昆虫，如尾蛆蝇；但椎头螳螂不接受，尾蛆蝇太大，反抗太激烈，椎头螳螂高帽子一甩一甩的，防止尾蛆蝇靠近。

几只小的螽斯，它们很乐意地接受了，这可是嫩嫩的几块肉啊！可惜的是，这种意外之财在我的网罩里很少。于是椎头螳螂不得不又绝食，直到出现了春天里最早的蝴蝶。菜花上的粉蝶，从此将成为椎头螳螂主要的食物来源。

我把粉蝶放进网罩里，椎头螳螂觉得这是很好的猎物，窥伺时机抓住蝴蝶，但是马上又放开了，因为它还不能制服蝴蝶。粉蝶的大翅膀扇着风，晃动着它，让它不得不把抓到手的猎物松开。我来给这个脆弱的虫子帮忙，用剪刀截去粉蝶的翅膀。失去翅膀的粉蝶仍然生气勃勃，在网纱上攀爬，但马上就被椎头螳螂抓住咬碎了，尽管它们的反抗还是让椎头螳螂害怕。这种美味和苍蝇一样，很对小椎头螳螂的胃口，而且更丰盛，它们总会留下一些不屑一顾的残羹剩菜。

它们只吃了粉蝶的头和前胸，剩下肥肥的肚子、大部分中胸、足，当然还有剪去后剩下的一点翅膀，它们连碰都没碰，就扔掉了。它们选的是嫩一些、美味一些的肉吗？不会，因为粉蝶的肚子显然肉汁更丰富，但椎头螳螂不吃；可是对苍蝇，连最后一小块肉都要吃尽。这应该是一种战争策略。我面前又是一只从颈部进攻猎物的昆虫，能将挣扎的猎物迅速杀死，以免影响它享用美食。椎头螳螂也和修女螳螂一样精通这一战术。

一旦注意到了这一点，我就发现，果然，不论是什么猎物，苍蝇、蝗虫、螽斯、蝶蛾，都总是从颈后被抓住；第一口咬的地方总是颈部神经结，这样可以马上致猎物于死地。猎物完全静止不动，可以让捕食者太太平平地进食，这是美美地进餐必备的条件。

小鬼虫虽然很软弱，但它也掌握了迅速摧毁猎物抵抗力的秘诀。它首先咬猎物的脖子，给猎物致命一击，然后继续在最初的进攻点周围咀嚼。当粉蝶的前胸上部和头消失了时，猎人已经吃饱了。它吃得太少了！吃剩的猎物被弃之于地，不是不好吃，而是已经吃不下了。一只粉蝶大大超过了胃的容量，蚂蚁还能从它们离席后的餐桌上受益。

在谈到椎头螳螂的羽化之前，我还有一点要说明白。从头到尾，小椎头螳螂在金属网罩里的栖息姿势都没有变过。它们用后面四只腿的爪尖钩在网纱上，盘踞在笼顶，背朝下，就这样一动不动地，用四个悬挂点支撑住整个身体的重量。如果想移动，它就把前面的劫持足打开，伸长，抓住一个网眼，再把身体拉过去，短距离的移动完成后，劫持足又折回到胸前。总之，这倒挂的小家伙几乎一直就只靠后面的四条高跷腿支撑。

倒挂的姿势如此之艰难，可它们挂的时间可不短，在网罩里，倒挂姿势长达十来个月，从来没有间断过。当然，苍蝇也会这样倒挂在天花板上，但是它会不时地休息休息，飞一飞，以正常的姿势走一走，肚子贴在地上，在阳光下舒展身体；而且，它的杂技姿势也是短时期的。

椎头螳螂是以这种奇特的平衡姿势，毫不松懈地整整坚持了十个月。它背朝下倒挂在网罩顶，捕食，进食，消化，打盹，蜕皮，羽化，交配，产卵，然后死去。爬上去的时候，它还年纪轻轻；掉下来的时候，它已垂垂老矣，变成了一具尸体。

在自由的状态下，事情可完全不是这样。椎头螳螂背朝上栖息在荆棘丛中，按正常姿势平衡身体；要隔很久才会偶尔倒挂一次。正因为长时间的悬挂并不是它们种族的习惯，所以网罩里关着的囚徒的姿势才更加引人注目，让人想起蝙蝠。蝙蝠也是用后足抓住洞顶，头朝下地倒挂。鸟的脚趾结构奇特，它在睡觉时也可以用一只爪悬挂，爪子能不知疲倦地自动抓紧晃动的树枝。但是椎头螳螂没有一点类似的结构，它那可以活动的小足外形很普通：每个足上有两个跗节，跗节上又有一个像杆秤钩一样的爪钩。

我真希望把解剖学拉进来，给我展示一下它的跗节，它那比钢丝还要细的腿里的肌肉、神经和控制爪尖的肌腱，让它在十个月里不管是睡着还是醒着，都毫不疲倦地抓得牢牢的。如果真有把灵巧

砂泥蜂

的解剖刀关心这个问题，我还想托它解决另一个比椎头螳螂、蝙蝠和鸟的姿势更怪的问题，解答某些膜翅目昆虫夜间休息的姿势。

0月末，荒石园里常常会出现一种红色后足的砂泥蜂，它们在薰衣草边挑选栖息之地。黄昏时分，尤其是天气沉闷酝酿着暴雨的黄昏，我敢肯定能在那里找到睡姿奇特的砂泥蜂。啊，它夜里的休息姿势真是别具一格！它把薰衣草秆大口咬在嘴里，这种直角形状比起圆形，支撑得更牢固。砂泥蜂就依靠这仅有的支撑点，身体长时间直挺挺地伸在空中，足折叠起来。它的身体和支撑物的轴线形成直角，而它的身体就成了个杠杆，全部的重量就压在杠杆一端的嘴这唯一的支撑上。

砂泥蜂依靠大颚的力量直直地睡在空中。只有虫子们才想得出这样的主意，它搅乱了我们关于休息的概念。就算风雨就要暴发，就算风吹动茎秆，睡觉的昆虫也并不操心晃动的吊床，最多也只是暂时用前足攀住摇晃的立杆。一旦重新平衡，它就又恢复了它喜欢的垂直杠杆姿势。也许它的大颚就像鸟的足爪一样，风摇得越猛，抓得越牢。

砂泥蜂并不是唯一采取这种奇特的姿势睡觉的昆虫，还有很多虫子模仿它：黄斑蜂、蜾蠃、长须蜂和雄蜜蜂。它们都用大颚咬住一根茎秆睡觉，身体伸直，足折叠。其中有几种身体特别胖的，腹部末部也靠在秆子上，身体弯成弓状。

我对膜翅目昆虫睡房的探访，并没有解决椎头螳螂的问题，反倒提出了另一个并不容易解答的疑问。它告诉我们，要解释动物的机器齿轮中，哪些在工作，哪些在休息，人类是多么没有远见。砂泥蜂反常地用嘴保持静止，椎头螳螂则用秤钩毫不疲倦地倒挂了整整十个月，生理学家给它们搞迷糊了，自问到底什么才是真正的休息。事实上，从来没有休息，除了生命的结束，生存的斗争没有停止，总有某块肌肉在使劲，总有某根肌腱在绷紧。睡眠似乎回到了虚无的静止状态，它和清醒时一样，也还是在用力，有的用足尖，有的用卷起来的尾巴尖，有的是用趾爪，有的用大颚。

5月中旬左右，椎头螳螂的羽化完成，出现了椎头螳螂的成虫。成虫的体形和服饰比修女螳螂还要引人注目。它从若虫的怪异体形中保留了尖尖的帽子、锯齿状捕捉足、长长的前胸、青蛙般的腿和腹下的三行薄片，不过

椎头螳螂

现在它的腹部末端不再弯曲成曲棍，它的姿势也就正常多了。不管是雄性还是雌性，大大的翅膀都是浅绿色，翅膀玫瑰红，能迅速飞跃；大翅膀盖住了肚子，肚子白一块绿一块的。雄椎头螳螂很俏丽，有羽毛状触角装饰，那触角和某些黄昏时活动的蝶蛾的触角很相似。雌雄两性个头差不多。

除了一些细微的结构差异，椎头螳螂就和修女螳螂很相似，乡民们常常弄错了它们的身份，他们春天里碰到戴高帽子的螳螂，还以为看见的是"祷上帝"，而"祷上帝"是秋天才有的。形态上的相似也许是习性相同的标志吧，人们受椎头螳螂那古怪的武器所诱，甚至想把一种比修女螳螂更残酷的生活习性加到它身上。我一开始也是这么想的，而每个深信形态相似便会习性相似的人，一定都会这么想。然而，这又是一个必须打消的错误念头：尽管椎头螳

螂看起来火药味十足，但它却是一种爱好和平的昆虫；如果想要训练它战斗，恐怕是枉费心机。

我把它们养在笼子里，有的是五六只成群饲养，有的是一对对分开，但不管什么时候，它们都心平气和。和若虫一样，成年的椎头螳螂饮食也很有节制，每日的口粮只要一两只苍蝇就够了。

贪婪的饕餮之客总是吵个不停。修女螳螂们被蝗虫胀大了肚子，很容易暴躁，摆出寻衅的姿势。椎头螳螂只吃些简陋的食物，不知道这种敌意的表现，邻里之间从没有口角，从来没有像修女螳螂那样突然展开翅膀，摆出幽灵般的姿势，也从来没有发出游蛇受惊般的扑哧声；在它们的食肉盛宴中，也从没出现任何意外，战胜者把斗殴中战败的姐妹吞噬掉。那种恐惧在它们这里完全不存在。

因此，椎头螳螂家族不会出现恋爱悲剧。雄椎头螳螂热情大胆，要经受长时间考验才能成功。它不屈不挠地纠缠中意的可人儿，最终感动了伴侣。婚礼之后一切正常，头上长着羽毛饰的雄椎头螳螂退了下来，并没有受到雌椎头螳螂的侵犯，它忙于捕捉小虫，毫无被逮住吞吃的危险。

椎头螳螂的两性就这么太平地同居，互不干涉，直到7月中旬。那时，雄椎头螳螂因年岁而日衰，就敛心静修，不再捕食，走路摇摇晃晃，慢慢地从金属罩顶爬下来，最后倒在尘埃里，它寿终正寝了。而雄修女螳螂呢，它是在贪婪的雌性的肚子里了结生命的。

椎头螳螂产卵是紧接在雄虫消失之后。即将筑巢了，但椎头螳螂并没有像修女螳螂那样，因为卵细胞太多而挺着沉重臃肿的大肚子。椎头螳螂身体仍然很轻盈，能够飞跃，预示着它的后代数量不多。确实，它的窝固定在麦秸、细枝、石块上，只有灰螳螂的窝那么大，最多长一厘米。它的窝看上去呈梯形，梯腰短的一边稍稍突起，另一边倾斜成坡面。通常，斜坡顶竖立着丝状的延伸部分，有点像修女螳螂和灰螳螂窝顶端的船头角，不过更纤细一些，是最后一滴黏液拉成的丝凝固而成的。泥水匠在工程完工之后，会在建筑物顶放上一棵绿枝作为装饰。同样，修女螳螂也会在做好的窝上立一根类似旗杆的东西。

窝上有很薄的一层浅灰色石灰浆，是干了的泡沫形成的；它覆盖着椎头螳螂的卵，尤其是朝上方的卵。这层细致的涂料很容易消失；在这层涂料之下，就是窝的主要材料，均匀、带角质、淡红棕色。窝侧有六七条不太明显的条纹，将侧面切割成弯弯的薄层。

卵孵化后，在窝的脊线上，十一二个圆圆的出口打开了，出口分两行，小若虫选择了两行中的哪个门，就把那个门打开出来。这一串出口有点外突，一个接一个地打开，就像一条有两个把手的双面条锯。很明显，锯的起伏参差不齐，是椎头螳螂产卵时产卵管摇摆运动的结果。这些出口，形状规则，排列整齐，两行出口在窝两侧相辅相成，就像支小小的排箫。

每个出口都通向一个小穴，里面有两枚卵，椎头螳螂产卵总数大概在两打左右。

我没见过椎头螳螂卵的孵化，不知道它是否像修女螳螂一样，为了方便解脱，在若虫之前有一个过渡态。很可能情况不是这样，因为椎头螳螂为卵出窝做了很好的安排。在这些小穴上，半开着一个很短的前厅，里面没有任何障碍。前厅上面只塞了一点泡沫物质，很脆，新生儿应该很容易用大颚咬碎泡沫。有这么宽敞的通向外界的通道，那么若虫的长腿和细触角不再会是碍事的器官；所以小生命一出卵就能得到自由，不需要经过初龄幼虫态。但我没有亲眼见过，只能推测事态发展的可能性。

　　我再说几句椎头螳螂和修女螳螂不同的习性。修女螳螂喜好斗殴，同类相残；椎头螳螂性喜和平，同类之间互不侵犯。它们的结构一样，但如此深刻的习性差异从何而来呢？也许是食谱吧。粗茶淡饭确实能软化性格，对昆虫和对人类都一样；大吃大喝则会使性格钝化，酒肉是兽性怒火的发酵剂，耽于酒肉的人，不可能像将面包蘸一点点奶油细咽的人那么彬彬有礼。修女螳螂正是那饕餮之徒，而椎头螳螂则是朴实的。我就这么解释好了。

　　但是，一个像饿死鬼老是吃不饱，另一个却饮食非常节制，又是为什么呢？它们的结构差不多，应该会导致相同的生理需求呀。螳螂家族又以它们的方式，向我们重复了其他很多昆虫告诉我们的：习性、才能并不单纯取决于生理解剖结构；在很多支配物质的物理法则之上，还有很多支配本能的法则在飞翔。